親水空間論

時代と場所から考える水辺のあり方

日本建築学会　編

技報堂出版

書籍のコピー，スキャン，デジタル化等による複製は，
著作権法上での例外を除き禁じられています。

はじめに

　「親水」の用語は，建築学に先んじること 1970 年土木工学における発表論文の中で，河川機能における治水・利水機能に次ぐ第三の機能として概念が提示され，その重要性が説かれた。その直ぐ後に親水を冠した公園が整備されることで，社会一般に定着することになった。一方，建築学においては，水環境のカテゴリーの中で「水をデザインする」「外部空間としての水空間」や「水を使う・運ぶ・隔てる・繋ぐ…」などの言いまわしで，建築や都市の空間と水とのあり方や関係性が説かれてきていた。そのため，「親水」という端的な用語は使用されなかったが，内容的には「親水」の概念を包含したものであった。しかし，用語としての「親水」は建築学の中ではなかなか使用されてこなかったため，後塵を拝している感を否めない。こうした経緯を経ながらも，建築，都市，地域と密接にかかわる水や水辺に対する関心は確実に高まってきており，建築学における水辺や親水の位置づけを体系化することの重要度は増してきていると思われる。

　日本建築学会環境工学委員会水環境運営委員会に設置されてきた小委員会では，こうした水環境や親水に係る空間づくりを都市環境整備や居住環境整備に生かすための活動を行ってきたが，その成果は『建築と水のレイアウト』（1984 年刊行）からはじまり，『建築と都市の水環境計画』（1991 年刊行）へと継承され，『親水工学試論』（2002 年刊行）において，はじめて「親水」についてひも解かれるとともに，親水を考慮したデザインのあり方も併せて説かれた。それを受けるようにして，『水辺のまちづくり』（2008 年刊行）が刊行され，親水の具体化に対して，住民参加を得た水辺の環境整備とまちづくりの実践事例がまとめられた。約 24 年の間に 4 冊の図書が刊行され，同時に環境工学委員会水環境運営委員会により開催されてきた水環境シンポジウムの講演テーマとしても折々に取り上げられることで，「親水」の用語や概念は建築学においても確実に定着してきたことと思う。

　こうした一連の活動を通して，2009 年からは「都市と親水小委員会」を発足することで，建築，都市，地域において発散気味，ブーム的に扱われてきた水辺を振り返るとともに，従来まで必ずしも体系的に整理されてこなかった水辺に対する時代的な扱い方や水辺の持つ場所性について顧みることを意図して，『親水空間論 — 時代と場所から考える水辺のあり方』を取りまとめることにした。

　具体的な構成は，第 1 部の「親水空間論」は 2 章で構成し，「親水」という概念が誕生してきた背景を「時代」（あるいは時間性）と「場所」（空間性・場所性）に基づきまとめている。第 2 部の「親水事例編」は 5 章で構成し，海，河川，湖沼・池，掘割・運河，用水の空間性や場所性による水辺のあり方をまとめており，従来にない視点による水辺の切り口を建築学会として提示することは，極めて大きな意義があると考える。

2014 年 3 月

日本建築学会

目　　次

序　論　親水の時代と場所と計画 …………………………………………………………… 4

第1部　親水空間論 ………………………………………………………………………… 13

第1章　親水と時代 ………………………………………………………………………… 15
　1970年代　都市化・水質汚濁・親水性の復活 …………………………………………… 16
　1980年代　ウォーターフロント開発の展開・親水概念の登場 ………………………… 20
　1990年代　親水整備の展開 ………………………………………………………………… 24
　2000年代　親水のカタチの再考 …………………………………………………………… 28
　2010年代　親水と安全・安心－新たな親水概念へ ……………………………………… 32
　コラム　北京市（転河）の水辺整備（中国） …………………………………………… 36

第2章　親水と場所 ………………………………………………………………………… 37
　海　岸　海岸・港湾景観形成ガイドライン策定の経緯と理念 ………………………… 38
　河　川　親水と水難事故の現状と課題・対策 …………………………………………… 42
　湖　沼　水面利用と管理 …………………………………………………………………… 46
　掘割・運河　歴史遺産の継承と活用 ……………………………………………………… 50
　用　水　農業用水の環境利用と環境水利権 ……………………………………………… 54
　コラム　サントリーニ島の断崖テラス（ギリシャ） …………………………………… 58

第2部　親水事例編 ………………………………………………………………………… 59

第1章　海の親水 …………………………………………………………………………… 61
　伊根（京都府）の舟屋　地勢対応と水辺の継承 ………………………………………… 62
　厳島神社（広島県）　海上の歴史的建造物 ……………………………………………… 66
　木野部海岸（青森県）　自然の猛威と恩恵 ……………………………………………… 70
　お台場海浜公園（東京都）　都市型新観光地の誕生 …………………………………… 74
　コラム　シンガポール川の親水空間（シンガポール） ………………………………… 78

第2章　河川の親水 ………………………………………………………………………… 79
　古川（東京都）　親水の名称を冠するわが国初の"親水公園" ………………………… 80
　鴨川（京都府）　都市の縁を彩る水辺文化の作法 ……………………………………… 84
　都賀川（兵庫県）　親水性と安全性 ……………………………………………………… 88
　荒川（埼玉県）　水屋・水塚と被災文化 ………………………………………………… 92
　コラム　港湾都市・釜山の水辺（韓国） ………………………………………………… 96

第3章　湖沼・池の親水　　97
　古河総合公園（茨城県）　湿地復元・風景再生からコモンズへ　　98
　浜離宮恩賜庭園（東京都）　汐入庭園　　102
　越谷レイクタウン（埼玉県）　親水文化創造都市　　106
　深作川遊水地（埼玉県）　静水面の親水利用　　110
　コラム　港湾倉庫地区の再開発・ドックランズ（イギリス）　　114

第4章　掘割・運河の親水　　115
　外濠公園（東京都）　歴史遺構の水辺空間　　116
　新川（東京都）　市街地における水辺の名所・名物・賑わいづくり　　120
　天王洲運河（東京都）　運河ルネサンスと水辺カフェ　　124
　道頓堀（大阪府）　水都・親水歩道整備　　128
　コラム　インレー湖の水上生活（ミャンマー）　　132

第5章　用水の親水　　133
　マンボ（三重県）　伝統的水利施設　　134
　玉川上水（東京都）　江戸の上水と現代の親水　　138
　琵琶湖疏水（京都府）　遣水型水路網と庭園群　　142
　亀田郷（新潟県）　農業用水路の親水利用　　146
　コラム　麗江大研古城の水路網（中国）　　150

・・・・・・・・・・・・・・・　本書作成関係委員一覧　・・・・・・・・・・・・・・・

環境工学委員会
委員長　田辺　新一
幹　事　羽山　広文・村上　公哉・中野　淳太

企画刊行運営委員会
主　査　佐土原　聡
幹　事　飯塚　悟・田中　貴宏

都市と親水刊行小委員会
主　査　畔柳　昭雄
幹　事　坪井塑太郎
委　員　市川　尚紀・村川　三郎・岡村　昌義
　　　　上山　肇・大橋南海子・山田圭二郎

序 論　親水の時代と場所と計画

● 「時代」と「場所」を考えることの意義

時代と場所

　第1部第1章「親水と時代」にみるように、主に臨海部を中心とした高度経済成長期以降の工業地帯の飛躍的発展と都市化の進行に伴って高まった環境への意識、水辺環境への注目、その改善への取組みは、その後、水質改善、パブリックアクセスの確保、ウォーターフロント開発、アメニティ創出、エコロジーあるいは生物多様性の保全、ふるさと・都市再生、環境教育、まちづくり等、多様な文脈と絡み合い、またそれらの多様性を内包しながら、さまざまな親水空間を創出してきた。

　では、これからの親水空間のあり方やその計画論という大きな枠組みの中で、その意味を改めて問おうとするとき、何をこの議論のよりどころとすべきだろうか？

　本書が提示する「時代」と「場所」という切り口は、この問いへの一つの回答の試みである。

　これまでの歴史的経緯の中で親水空間に求められてきたニーズは、上述のように、多様性に富んだものであった。逆にいえば、これまでの親水空間のあり方、親水整備の結果を、「時代」という観点から今一度振り返り、ひも解いていくことが、これからの親水空間のあり方を考えるにあたって必要となる要件や切り口を知る重要な手掛かりとなる、ということである。

　本書で展開される親水空間のあり方を巡る議論と事例紹介は、その多くが、高度経済成長期以降の「時代」をターゲットにしている。それでも、ここで取り出された、親水空間のあり方を巡る多様な文脈は、全国的、あるいは世界的な時代背景の流れの影響を受けて、全国各地の水辺が多かれ少なかれ経験してきた事実としてある。したがって、これからの親水空間の計画において必ず検討されるべき重要な観点となるはずである。

　しかし、一言で「親水空間」といっても、それぞれの場所に応じて空間の利用のあり方は当然異なってくるはずで、こうした多様な意味合いのすべてを一つの親水空間に内包させることが、親水空間を創出するための最良の選択肢であるとは必ずしも言えない。こうした多様性の考慮が、むしろ、その場所の利用や景観の混乱を生む結果となることもあるからだ。また、2011年の東日本大震災を持ち出すまでもなく、災害を含めた自然条件や土地利用等を考慮して、場所をわきまえた親

水空間のあり方を検討することが求められる。

そこで重要になってくるのは、これまでの親水空間において、時代時代で求められてきた多様なニーズを、それぞれの「場所」において取捨選択しつつ、どのように実現するか、という視点である。言い換えるなら、そうした時代のニーズの多様性を、場所場所の固有の事情（場所性、歴史性）を踏まえつつ、その場所においていかに総合化し統合しうるか、という視点である。それは、それぞれに固有性を持つ「場所」という文脈において、水辺、あるいは親水空間を一つの結晶軸として、我々の生活世界を再編集しようとする視点、と言ってもよい。

水辺は場所の編集装置

中村良夫は、明治時代の神社合祀令に異を唱えた南方熊楠の思想について、神社とそれを取り巻く森林の破壊が、環境生態系の破壊や信仰心の衰えを招くのみならず、国土保全への影響、地場産業の衰退、地域の自治的活動や組織、コミュニティの連帯の衰退、ひいては文化の破壊に至る事態までをも含み込んでおり、これらすべてが連関する一体系の要として神社があったことを指摘している[1]。南方の思想において、神社は、単なる物理的環境の連関の要であるのみならず、地域社会やその文化、人心の安寧（愛郷心、信仰心、慰安、風流心等）までをも含み込んだ壮大な「心物両界連関作用」（中村）の要であったのである。この連関作用は、現代においては相当程度に弱まってしまったかもしれないが、それでもまだ多くの地域に生き続けているように思える。

ひるがえって、水辺はどうか？ 私は、水辺にも同様の連関作用を認めることができると考えている。少なくとも、その可能性を秘めていると私は思う。

戦後、高度経済成長期を経て、水辺を失い続けてきたことへの危惧の基層には、こうした地域の環境生態系、地域社会、人心の間に網の目に張り巡らされた有形無形のネットワークとそれを結びつけていた「縁（えん）」が薄れ、衰えていくことへの不安があったのではないか。

この網の目と縁こそが、「場所」の本質だといってもよい。そして、親水空間を回復しようとするこれまでの各時代の試みは、水辺を一つの起点とした網の目の連関作用のネットワークを、言い換えれば「場所」を、もう一度、自分たちの手に回復しようとする試みとして捉え直してみるとよいかもしれない。

特に戦後、各地で行われてきたインフラストラクチャー（生産・交通インフラをはじめ、近年では情報インフラ等を含む）の整備は、否応なく、生産・流通の規模拡大と効率化を志向する流れの中で、規格化された機能（構造）やあらかじめ枠組みの与えられた制度・事業等を、半ば強引に地域に組み込む形で—やや厳しい言葉で言えば、地域社会への権力性の介入により—実施されてきた。そうして、我々自身も気づかぬままに、上述のような「場所」の網の目とその縁が絶ち切られ、抽象化してしまった我々の生活世界に、もう一度、生の息吹を吹き込んでいこうとする取組みが、今後、求められるのではないか。

先述の中村は、水辺は都市の編集装置だとすでに指摘している[2]。それでは、水辺を軸とした場所を、どのように編集していけばよいだろうか。

この点について、この序論の限られた紙面の中で語り切ることは難しいが、以下、これに関連する幾つかの論点を私なりに整理したい。これらを参考にしつつ、第2部の事例編をご覧いただき、読者なりに、それぞれの地域の水辺にどのように適用できるか、イマジネーションを広げていただければよいと思う。

編集された場所が、地域固有の生活文化として育くまれていくためには、市民の力は不可欠である。しかし、求められる多様なニーズや機能を上手に編集し、美しい姿かたちとして統合（アーキテクチュア）していくのは、エンジニア・アーキ

テクトの重要な役割である。そうして編集された場所は、市民の力を通じて、やがて美しい生活文化の姿、すなわち風景として結晶していくだろう。

● 親水と時代

時代、場所と親水空間のあり方とは本来切り離せない関係にあるので、別々に論じることは本意ではないが、親水空間を時代から考えることの意義について、二・三の整理を行っておきたい。

時代を超えた規範となりうる親水空間

時代を超えた親水空間の思想の規範として参照しうる原型（archetype）は確かにある。

例えば、**厳島神社**は、親水空間の古典といってもよいであろう。宗教空間として重要な空間でありながら、一方では高潮の危険に正面から向き合って、境内がそのまま大自然である海に連続するような空間構成を取っている。こうした危険に応じて、高潮で床上まで浸水しても、建物の構造自体に破壊的な影響を及ぼさないような床材の張り方の工夫（フェイルセーフ的思想）が当然見られるし、潮の満ち干に応じて表情を変える池の造形（時間性の空間表現）などにも見るべきものがある。**浜離宮恩賜庭園**（汐入庭園）にも同様の思想を見て取ることができよう。

河川・水路ネットワークを一つの水系として総合的に捉え、段階的な水位調節によって水位を安定させながら、水辺を身近な空間に近づけていくというコンセプトが提案されている**鴨川**や**琵琶湖疏水**などは、今後、都市空間に水辺を織り込み編集していく方法の一つとして、重要な示唆を与えうる。

これらは、自然（猛威と恩恵の両側面）に対する接し方に関する日本人の文化的態度をも表しており、親水空間の計画思想、親水空間を軸とした都市の編集の思想としても参照できるだろう。

時代の変化に応じた機能転換と親水の要請

ため池や掘割・運河、用水などは、産業・社会構造の変化等に伴って当初の機能が意味をなさなくなったり（ため池が埋め立てられて住宅地として開発される例や、農業用水が田畑の宅地化によりその役割を終えるなどの例）、車社会への対応等の要請を受けて道路拡幅等により暗渠化された例が数多い。こうした中で、「環境水利権」といった新たな概念の登場により、環境保全や親水空間の確保等の新たな目的を与えられる例もある（第1部第2章「用水」参照）。**亀田郷**もこの一例といえよう。また、鴨川の事例の中で紹介されている「**高瀬川**」は、舟運の役割を終えて埋立ての予定もあったが、住民の反対意見が反映されて保存され、京都における一大歓楽街の賑わいになくてはならない存在となっている。

時代に応じた機能の複合化、戦略的連携

鴨川は、治水機能上の要請を受けて、河川断面は幾多の変遷を経ながら、一貫して納涼床による夕涼みという愉楽の場、親水の場として維持され続けており、時代の要請に応じて機能を複合化しつつ、親水のコンセプトが生き残った希有な水辺として、時代を超えた規範ともなりうる。実際、社会実験等を通じて各地で実施された河川敷を占用した水辺のオープンカフェの取組みは、河川敷地占用許可準則の一部改正（2011年）により制度的に位置づけられるなど、成果を上げている。

新たな親水空間を整備しようとする場合、例えば「親水」といった単一の機能のみを持たせるのではなく、当該地域の場所的特性や課題を踏まえながら、望ましい機能を戦略的に連携させ、総合化していくことも重要である。例えば、**越谷レイクタウン**は、遊水池としての機能や親水空間としての機能（湖面利用等を含む）等を水辺に複合化しつつ、住宅地としての機能と連携させており、興味深い取組みといえよう。

過去の時代に行われたことへの真摯な反省

　国土交通省の「美しい国づくり政策大綱」（2003年7月）は，景観への配慮が必ずしも十分ではなかった公共事業のあり方を反省し，美しい国づくりに向けて大きく舵を切ることを宣言した画期的な取組みであった。同大綱で，美しさへの配慮を欠いた公共事業として，日本橋の上（東京の運河網の上）に建設された都市高速道路や海岸の消波ブロックなどを挙げている。過去への真摯な反省の上に立った水辺の復権の取組みは，まだ緒に就いたばかりといえるのかもしれない。

　河川の人工的な流路の付け替え，湛水の被害，埋立て，減反政策による耕作地放棄等，さまざまな憂き目を見つつ，国土的スケールでの湿地復元の構想をも伴った**古河（こが）総合公園**は，歴史を受け止め，反省すべきところは反省し，従来の水辺の名所を換骨奪胎した新たな公園整備の思想や公園利用のあり方を提案する意欲的な取組みである。

　海岸保全施設は海岸保全・防災の機能上不可欠な施設であるが，一方で海岸と背後地域との生業・生活上の一体的な関係を分断してきた背景がある。港湾の開発にも同様のことがいえる。こうした点を見直す「里浜づくり」の取組みが行われているが，中でも**木野部（きのっぷ）海岸**は，過去に整備された防護施設を取り壊し，壊した施設の材料を再利用した在来の「築磯」工法により，防護上の機能は確保しつつ，かつての海岸の風景を取り戻した。さらに，海側の沖合から陸側の背後地までの空間が，地域の生態系と人々の生業との織りなす一つの生活の系として一体的に成り立っていたかつての海岸空間（里浜空間）を取り戻そうとする試みは，その思想や取組み内容，検討のプロセス等を含めて興味深い事例であろう。

　過去への真摯な反省は重要であるが，一方的にそれを否定的に捉える必要は必ずしもない。時代背景，それに応じた政策・制度・事業，それらによって生み出された水辺のカタチを，一体的・総合的に再検討することが求められる。新しく整備される水辺も，時代を経てまた再評価されることになろう。例えば，**お台場海浜公園**のような人工海浜公園は，現時点でも見る観点によって評価が分かれるところはあるだろう。この問題は，その場所に相応しい親水のあり方，水辺のカタチをどう考えるかにも絡んでくる。

　最後に，場所性を安易に解釈したカタチの模倣というデザイン上の問題は相変わらず続いている。親水や賑わいといえば，護岸を階段護岸にしたり色を付けたりするという安易な発想や，水辺という場所性から波の模様やカモメ等を安易に形態化・デザイン化した手すりや街灯等の装飾，自然を模倣した擬木・擬石，石積み模様のコンクリート化粧型枠などは，いまだに使われている。なぜそのようなデザインが生み出され，今なお使われ続けるのか，時代背景や思想とともに丁寧に解きほぐし，真摯に反省したうえで，ぜひ考え直してもらいたい。

● **親水と場所**

　第1部第2章「親水と場所」，そして第2部の「親水事例編」では，「海岸」「河川」「湖沼・池」「掘割・運河」「用水」という大きな場所の括りごとに親水の考え方や具体的な事例を解説している。ここでは，もう少し違った観点から，親水と場所との関係において押さえておくべき幾つかの事項を整理してみたい。

場所の固有性とそれに応じた親水：
あるべき場所に，あるべきものを，あるべき姿で

　海岸，河川，湖沼等の水辺は，当然のことながら，災害を含む自然条件が大きく異なっている。また，それぞれの水辺とその水辺を利用する都市や集落との関係からみれば，その成り立ちの背景に応じて，水辺のあり方もまた異なってくるはずである。その場所に相応しい水辺のあり方を検討し，「あるべき場所に，あるべきものを，あるべ

き姿で」しっくりとその場に収めることが重要であろう．水辺空間の成り立ちや歴史的経緯をまずしっかりと踏まえること，そして，その場所固有のさまざまな条件（災害等の自然条件，地形条件，生態系，周辺の土地利用状況等）を確実に押さえたうえで，それに基づいて，その場所固有のさまざまな条件が相互に離齬をきたさないよう留意しながら，望ましい親水のあり方や水辺のカタチを検討する必要がある．

地勢的な特性，生業との関係等により形成された集落の空間構造や建築形態等，さまざまな場所の固有性が結晶した好例は，**伊根**の舟屋の屋並みであろう．親水が直接に目的化された場所ではないが，舟屋建築と海面との一体性やそこでの暮らしぶりを想像すれば，親水の概念もここには含まれていると言えなくもない．近年は，舟の大型化によって舟屋に舟を格納することができなくなったり，老朽化等により，その景観も少しずつ変化を見せてきている．海面上昇の影響なども被りやすいであろう．こうしたことへの対応をどうするか，従来の舟屋群の景観をそのままの形で保全し継承していくべきか等は，難しい問題である．観光等これまでと異なる機能への転換により，舟屋群の持つ親水空間としての付加価値を高めることは，あるいは可能かもしれない．

災害等の自然の論理が優先されるべき場所では，親水と称して都市的利用を安易に導入することは控えるべき場合も多い．この点を履き違えて，海岸空間内に遊園地のような施設を整備した例や，水辺へのアクセス路の整備に付随してバリアフリーの手すり等が整備され，満ち潮のときにはアクセス路は水面下に沈み，手すりだけが水面上に残る無残な光景が以前は見られた．水辺にはその場所に相応しい楽しみ方があるはずで，それを踏まえた親水のあり方を考えることが結果的に，景観的にみても違和感のない水辺となる．物理的に水辺に近づけるという意味での「親水性」（またはパブリックアクセス）がどこでも必要なわけでは必ずしもなく，物理的には水に触れることができなくても，眺められる，気配を感じられる，情報として水辺の存在が理解できる等，さまざまな親水の考え方がある．

「親水性」と防災機能上の「安全性」とをトレードオフの関係を前提に考えるべきではないが，限られた空間の中でそれらを離齬なく処理することは不可能な場面も多い．その場合には，上述のようなさまざまな親水（パブリックアクセス）のあり方から，適切な親水のカタチを模索することが望ましい結果を生むだろう．**都賀川**の事例は，こうした問題を考える一つの題材となる．

水辺と背後地域との一体性

水際線や背後地域（堤内地）の防護を目的とした施設が整備されると，その施設が水辺と背後地域とを分断し，それまで有していた両者の間の空間的連続性や利用の一体性が壊れることになりがちであった．過去の人工構造物の整備は，こうした分断の歴史と捉えることもできる．それは，単に空間を物理的あるいは視覚的に分断するのみならず，それまで成り立っていた水辺と人々の生活との一体的な関係性，地域の成り立ちそのものを根本的に壊す可能性があり，注意を要する．この意味でも，水辺の成立経緯や時代的変遷を，背後地域の生業・文化を含めて把握することは，不可欠なことである．水辺と背後地域との一体性という点では，先にも紹介した**木野部海岸**の例が，その歴史的変遷を含めて参考になる．

水辺と背後地域との一体的な関係性は，有形無形のさまざまな文化として，地域に根づいていることが多い．今ある物理的空間の実態を理解するのみならず，両者の目に見えない関係を含めた丹念な場所の読み取りが重要である．水辺の操作が，背後地域の文化の形成や維持保全の成否に大きな影響を与えるのである．

例えば，**マンボ**の例では，暗渠水路は直接目に見える形で知覚されない．しかし，同事例の解説

にあるように，それは日常の生活習慣の中に深く根づいている。たとえ明文化されたルールとして定められていなくても，さまざまな水利用を通じた地域社会（他者）への配慮が，それとなく地域社会の構成員の中で相互に共有されている。従来水利用を中心とした生業の中で形成されてきた地域は，水辺を中心とした規範意識という面でも，地域社会と水辺との強い一体性を有しているのである。たとえ小さな水路であっても，このことには十分な配慮を要する。整備対象となる限定的なエリアのみならず，全体的な水系のネットワークとそれに関わる地域間の関係性，それぞれの地域社会における規範意識やルール（制度・慣習等）の存在までを含めて，その場所を成り立たしめているさまざまな要素の関係性を丁寧に掘り下げていく地道な調査が重要となろう。

先にも紹介した**鴨川**の納涼床や水辺のオープンカフェの取組み，水辺に背を向けていた市街地の建築物との関係を含めた親水歩道整備（**道頓堀**）等は，水辺と背後地域との一体性を高める意味でも興味深い取組みといえよう。

都市再生や地域振興，地域活性化の一つの手段として水辺を活用しようとする動きはあちこちにある。「水辺の復権」は，国の都市再生プロジェクト（2001年～）でも重要視されている。都市再生緊急整備地域に指定された地域の概要をみても，臨海部再編，水循環系の再生，水と緑のネットワークの構築，河川の再生（水都大阪，水の都広島など）等のキーワードが挙げられ，都市化の過程で顧みられることなく失われてきた都市の水辺の重要性は，広く再認識されるようになった。しかし，周辺の土地利用等との関係からどのような水辺の利用のあり方が相応しいかについては，十分な考慮が必要である。

例えば，**道頓堀**の事例の中で紹介されている堂島川の左岸に，都市再生プロジェクトの規制緩和により建設された「中之島バンクス」の苦戦の状況は，堂島川の護岸と背後道路・市街地との接続関係，さらには周辺土地利用とのバランス等，考えるべき材料を提供している。

水辺と背後地域との一体性を考える場合には，河川事業のみならず，道路，市街地，公園等，複数の事業を組み合わせなければできない場合も多い。その場合，複数の関係部局間の調整等，行政手腕も試されるが，何よりもまず，周辺土地利用との整合性や接続関係に留意しつつ，長期的視野から，水辺を含めた都市の文化的価値を高める戦略と空間ビジョンをいかに描きうるかが鍵となる。

水辺において水際線は，大小さまざまな自然の営力の影響を最も強く受ける場所であるから，その水際線の形の処理は，全体の親水空間の印象を強く左右する。このことに特段の注意を払いたい。人工的な構造物が水際線に入り込んでいない自然な水辺においては，自然の営力によって水際線は動態的で複雑な形を有している。こういう場所では，境界を明確化し，空間を分断するような処理は避けるのが無難だろう。かといって，人工構造物の直線＝悪い，曲線のほうがよいという先入観のもとで，全体的な汀線の形の連続的な流れや背後の地形の出入りと無関係に，曲線を多用する例も，逆に背後地域を含めた全体的な水辺空間の印象を崩してしまうおそれがあるため，注意深い検討が必要となろう。

自然優位の水辺空間であれば，水際線から背後地域に至るまでの平面的・断面的な空間の連続性が保たれて，相互に緩やかに接続されるような関係が望ましい。

自然との「間（ま）」の取り方

河川・水路ネットワークを一つの「水系」として捉える視点は，場所の編集において重要な意味を持つ。ここでは，この問題を，「間」という見方から考えてみたい。

「間」は文字どおり，二つのものの関係性によって定まる呼吸，タイミングや距離感といった意味

合いのことである。そこには物理的距離とともに、社会的な距離感、例えば親密さの度合い、正式（フォーマル）－略式（カジュアル）といった儀礼的な意味合いも含まれる。明確な基準というよりは、二つの間の関係の中で、その場その場で定まっていくようなものだが、それを無視したり、認識できないと、「間が悪い」とか「間抜け」ということになる。曖昧な概念のようだが、日本の独特な文化として取り上げられることも多く、覚えておきたい概念である。

さて、人と自然との「間」の取り方[3)]という視点で考えていくと、都市という一定の広域的なエリアの中にどのような水辺を戦略的に配置していくか、という問題につながっていく。時として自然の猛威をあらわにする大河川から、中小河川、河川本川から水を引き入れた掘割・運河や用水、ため池、さらにそこから分水されて網の目のように市内を巡る小水路、そして最終的に私邸の庭園に取り込まれた遣水に至るまで、一つの水系でもその形はさまざまにある。これらは、自然の猛威とどのように距離を取り、またその猛威を水位調節（取水・排水）により段階的に和らげ、「飼い慣らした」水を、いかに身近な空間に近づけるかという視点から捉えると、全体の水系の中に、段階的な秩序体系を認識できる。そして、「間」の取り方のバリエーションとして、こうした全体的な秩序体系の中で、それぞれの水辺には、その場所の特性に応じた、場をわきまえた空間の作法が求められるのである。それは、制度的に位置づけられたものであれ、暗黙のルールであれ、社会的に共有されるべきルールと考えてよいと思う。こうした作法を社会的に共有し、日常的なかかわりを通じて、人とのかかわり方を含めた水辺の姿形を洗練させる努力を続けていくことが、水に近づくとか水に触れるという安易な親水化を防ぎ、水辺の文化を地域社会の力で維持し継承していくことにもつながるはずである。

なお、「水系」や自然との「間」の取り方、といった概念は、京都市が策定した「京都市河川整備方針」[4)]（2012 年）にも取り入れられており、**鴨川**や**琵琶湖疏水**は、このような視点を含めて解説されている。

境界領域の可能性

先述した「水辺と背後地域との一体性」や「自然との『間(ま)』の取り方」という問題は、水辺と背後地域との境界の処理の仕方や、都市と自然との境界的な場所における作法といった境界領域の問題に通じている。それは、自然の猛威と人為との間のバランスでもある。日常と非日常との間のバランスでもあり、そのバランスは微妙な条件の上で、長期的に捉えれば固定的というよりも動態的なもののある一局面として成り立っているとみることもできる。そしてそのバランスの取り方はまた、「自然の文化化」という文化の問題として捉えることもできる。

境界領域という場所は、異なる二つの異質な領域が重なり合う場所である。こうした境界領域は、日本の空間において特別の意味が与えられてきた。「結界」や「縁側」などは、建築空間においてその境界を可視化し象徴する文化的装置として、その意匠にも特段の工夫がなされてきたことはご承知のとおりである。

鴨川の納涼床や、同事例の中で紹介されている高瀬川沿いの飲食店（TIME'S ビル等）も、こうした境界領域の使い方の好例といえよう。また、こうした使い方を可能にしているのが、適切な「自然との『間』の取り方」であることを思い起こしたい。鴨川沿いの納涼床は、高水敷上を流れる、水位の安定したみそそぎ川の流れが可能にしているし、みそそぎ川からさらに分水された安定した高瀬川の流れがこうした利用を可能にしているのである。みそそぎ川の名前は、「禊ぎ」（身削ぎ、水注ぎ）に由来する名前であろうから、まさに境界領域における「結界」である。

結界も縁側も、字のとおり、二つの異なる領域

（自然－都市（人），ウチ－ソト，こちら－あちら，公－私等）を二項対立的に切り離すのではなく，両者を分節しつつ結びつける役割を果たす。あるいは，一つの有機的統合体としての境界領域に，異質な両側面を合わせみるのである。この有機的統合体を，上述した，網の目と縁からなる「場所」と読み替えることができるならば，水辺は，地域の環境生態系，地域社会，人心の間の網の目を紡ぎ出し，縁づける「場所の編集装置」となるのである。

中村良夫[5]は，「場」（バ）という言葉はニハ（庭）と同根であり，集団的身体行動（行事）の場所の意であるとしたうえで，この概念を起点に，みんなが使うような半ば公共的なある種の広場としての「まちニハ」を構想している。水辺における「まちニハ」は「流れ型」（その他「境内型」「結界型」等）として整理し，鴨川の納涼床を例に，「鴨川沿いのレストランは夏になると床(ゆか)を出します。床は縁側に相当します。それにつづいて半ば公共的な広場としての河原がある。こういう内外をつなぐ開いた縁が『まちニハ』にとって不可欠な空間言語です。半公半私がまだらに溶け合う『まちニハ』をどんどんつくって，塀のなかの私的な庭の概念を拡張すればどうか」と提案している。境界領域や場所，水辺のあり方を考えるうえで極めて重要な指摘であろう。

● 水辺の復権の先に：結びに代えて

高度経済成長期以降の親水空間が辿ってきた歴史を一言で振り返るなら，それは「水辺の復権」に向けた取組みの歴史であったといえるのではないか。さらにいうなら，それは，水辺に限らず，地域固有の「場所の復権」の試みであり，その場所における我々一人一人，また地域社会等の「主体の復権」の試みにほかならないのである。主体の復権とは，当然ながら，自然に対する人間の優位を主張することではなく，自分たちの関わる場所と社会を自分たちの手で育み，その文化を担っていこうとする，そうした主体の復権という意味である。

そして，その試みは，**古河総合公園**の事例の最後にも触れたように，水辺を一つの舞台として，我々を他者・社会や場所，そして未来の可能性へと解放する試みであり，その場所の未来を担う主体を育んでゆく不断の試みなのである。

終わりに，これからも生み出されていくであろう多様な親水空間の中に，子供たちにとって，できあいの遊具のように，あらかじめ与えられた機能に従って遊ぶような仕方ではなく，思い思いの自由な活動を，友達や地域社会との共同の体験を通じて積み重ねていける，そんな水辺がぜひあってほしいと思う。そうした体験を通じて育まれてゆく主体がまた，次の世代にその場所を継承しようとする主体となってほしいと願う。

[山田圭二郎]

《参考文献》

1) 中村良夫：NHK こころをよむ 風景からの町づくり，NHK 出版，2008，pp.104-107
2) 中村良夫：都市を編集する道，川，港（第7章），風景を創る―環境美学への道，NHK ライブラリー，2004，pp.163-186
3) 山田圭二郎：「間」と景観―敷地から考える都市デザイン，技報堂出版，2008
4) 京都市：京都市河川整備方針，京都市水と緑環境部河川整備課，2012
5) 中村良夫：「安寧の都市」論の構築に向けて―身体と場所の風景論から，安寧の都市研究，第1号，2011，pp.4-17

第1部
親水空間論

第 1 章
親水と時代

1970年代　都市化・水質汚濁・親水性の復活

● 都市化の功罪

　人間やその生活を取り巻く問題は，1960年代後半になり経済成長が加速することで，都市部では人口集中，交通渋滞，排気ガス増加などに端を発した光化学スモッグの発生や悪臭問題，ゴミ問題，水路のドブ川化，海岸部の埋立てに伴う問題などが顕著になった。そして，地方では河川の水銀汚染など人体に直接影響を及ぼす深刻な問題も拡大することで，人々の生活の中で「公害」や「環境」という言葉が身近で具体的なものとなった。そのため，国はようやく1971年になり環境行政に乗り出し環境庁を発足させることになった。このことは，人間生活と深く係る水や大気の汚染やその質的低下が放置できない状況になったためであり，急速な経済成長がもたらした歪みでもあった。こうした問題の発生原因に"都市化"が大きく関係していた。都市化とは，「ヒトやモノの集中が進み，それに適応するように生活様式が変化し，普遍化していくこと」と言えるが，急速な都市化は，社会基盤整備の未成熟さを露呈し，住宅問題や交通問題を引き起こし，それらが二次的問題として水や大気などの環境悪化を招くことにな

る。特に人口集中によるゴミ問題は，排出に対して処理能力が追いつかず，そのための処分場や焼却場の建設では立地問題が住民運動を引き起こし，出す側と受け入れる側の住民間で感情的対立が表面化する事態にまでつながった。また，それまで国や経済の繁栄を讃える象徴とされてきた工場の煙突から出される排煙についても，一転して否定的扱いになり，小学校の校歌から煙突や煙の文字が消されていった。さらに，都市化に伴い増大したエネルギー消費量や不透水地の増加は，一方で植生の減少を促すことになり，雨水の流出係数が増加し，河川における降雨の流出時間の短縮とピーク流量の増大がもたらされた。こうした影響が複合的に作用することで後に気温の上昇や湿度の低下といった気象的な影響を招き，ヒートアイランド現象やダストドームなど都市型気候の問題を引き起こすことになった。

　特に1960年代から70年代への端境期に注目すると，国を挙げての戦後復興を進める姿勢が，経済活動，社会活動に現れ，それが都市化を後押しすることで，東京，大阪，名古屋の三大都市圏をはじめ主要都市で，集中する人口の受け皿として都市近郊丘陵地でニュータウン開発が進められ

た。それにより、場所によっては地下水の過剰なくみ上げによる地盤沈下が発生したり、丘陵地開発により緑や自然が失われていったが、この時代の環境保全に対する問題意識は薄く、食料供給のための自然さえあれば都市に緑は必要ないという意見が大勢を占め、「人間に自然は必要ない」「人工環境で楽しく生きていける」とする声まで聞かれるようになった。

しかしながら、1970年代中期になり、身近な生活環境の質的低下がもたらす不快感から脱する意識が顕在化しはじめ、緑や自然を求める声が発せられるようになり、次第に自然環境の重要性が一般市民の間でも認識され、都市部において緑化施策が推進されるようになった。この背景には、1975年に発表された「緑の国勢調査（第1回自然環境保全基礎調査）」がある。この結果によれば、国土の80％が開発の波にさらされ、純粋な自然は20％程と指摘された。それ故に1976年には都市計画中央審議会において「緑のマスタープラン」が審議され、都市部における緑地の増加政策が推進されることになった。

● 水質汚濁の進行

一方、都市化が進展する都市の中の水辺については、すでに明治時代に進められた富国強兵策に基づく工場立地が、利水を主目的として中小河川沿いに立ち並ぶことで、人々の身近な場所から水辺を物理的・心理的に遠ざける状況を生み出していた。そのことが水辺への関心を希薄化させ、併せて水辺の環境劣化を進めることになっていた。その後、1950年代から60年代にかけては、都市への人口集中が進むことで社会基盤整備が追いつかず、応急的に河川上空に高速道路が敷設されたり、生活排水や工場排水などが過度に河川に放流されることで、河川、湖沼、海域の水質は悪化の一途をたどっていった。こうした水質問題に対しては、その後、環境基準が設定され、水質汚濁防止法による規制、

写真1 川面が見えない直立護岸

下水道整備などの各種方策が講じられることで、鉛やカドニウムなどの有害物質による汚染は改善されたが、有機性の汚濁は1970年代以降改善が図られるものの、全国の1/4の水域では依然として環境基準を満足するまでには至っていない。特に湖沼、内湾、内海などの流れのない閉鎖性水域や都市内の河川では汚濁の改善は遅れている。

こうして、悪化した河川環境の改修は同じ1960年代にはじめられたが、この改修は、主に流路の直線化であり、それまでの自然堤を直立護岸化（**写真1**）し、河床もコンクリート化して三面張りにすることでの放水路や溝渠としての機能強化を図るに過ぎなかった。この改修により効率的に水を下流域に流下させることになった反面、河川からは瀬や淵が姿を消し、そこを生息場としていた水生生物相は一掃されることで、食物連鎖により形成されてきていた水辺特有の生態系は消滅の途をたどり、河川を中心に築き上げられた地域性も同時に消失することになった。加えて、中小河川や用水路については、下水道の代替に利用されることで水質汚濁による悪臭発生源と見なされ、概ね暗渠化や埋立てがなされることにより流路は次第に失われることになった。

一方、三大湾の海岸線は拠点開発方式の導入などにより、コンビナート形成のために埋立地の造成が進められた（**図1**）。そのため、海岸部では埋立てによる工場用地の造成が、浅瀬や干潟を喪失させることで、幼稚仔の生育環境を消滅させ生

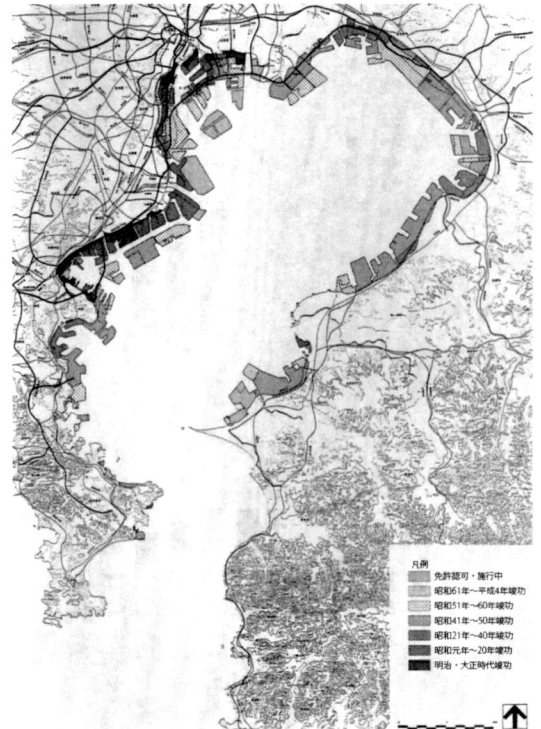

図1 東京湾年代別埋立ての推移[1)]

態系を貧困化させる一方，水質浄化能力を著しく劣化させた。そして，このことは水産資源の減少につながり，それが沿岸漁業を衰退させることになった。また，企業と住民との間で事件と化した公害として静岡県富士市の田子の浦港で発生したヘドロ汚染による水質汚濁・大気汚染・悪臭といったあらゆる公害現象が含まれた問題がある。こうした急激な水辺の環境改変は，水辺から生態系を消滅させるだけではなく，そのことが，人々から水辺で釣りや水遊びなど直接的・間接的に水に接することで享受される楽しさや快適さを奪い取ることになり，結果として，人々の水辺との接触機会や関心を失わせることになる。さらに，都市機能の拡充更新を図るなかで，高速道路の河川上空への橋脚設置は，河川空間の高度利用の名の下に行われた蓋かけ行為であり，水辺の持つ眺望や潤いなどの魅力は微塵と消え，人々の姿を同時に消すことになった。

このように都市化の進展過程の中で水辺空間が減少した結果，水辺環境の悪化が一層進み，"環境保全機能"や"親水機能"といった言葉で表現される機能を喪失してゆくことになった。

● **親水性の復活**

しかしながら，こうした事態を深刻に受け止め，水辺から人々が遠ざかり，疲弊する水辺に危機感を覚えることで，改善措置に取り組む動きも芽生えた。具体的な取組みとしては，1971年に都市河川の具備すべき機能として「親水」の概念が提起されてきたことが挙げられる。この提起は河川が本来有している「人間とのかかわり」に基づく社会的な機能を改めて「親水機能」として認識することで，河川が本来持つ良好な環境の再生を模索しようとするものであった。この「親水機能」は，山本・石井による「都市河川の機能について」と題する論文（土木学会）ではじめて提起された。

すなわち，それまでの河川機能では治水，利水に重点が置かれていたが，河川の機能を大きく二つに分けることで，物理的機能としての「流水機能（治水機能・利水機能）」に対置するものとして「社会に存在すること自体の持つ機能」として「親水機能」を位置づける提起がなされた（**図2**）。それは，心理的満足度やレクリエーション，景観など河川そのものが元来備えている機能の再確認でもあった。この提起された理念は，1973年に

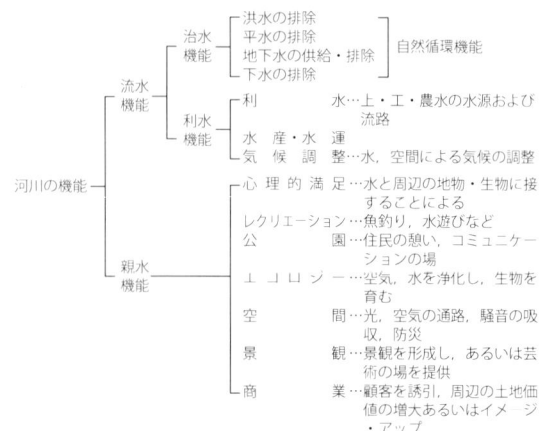

図2 河川機能の分類[2)]

第1章　親水と時代

表1　江戸川区における親水機能と施設（要素）

機能種別	目的	施設（要素）
レクリエーション機能	魚釣り，水遊び，ボートなどが楽しめる	魚釣り場・渡渉川・ボート乗り，ブランコ・滑り台などの遊戯施設
公園的機能	憩いとコミュニケーションの場となる	散策道・休息所・ベンチなどの休養施設・オープンスペース・その他
景観形成機能	景観を形成する	滝・堰・池・遣水・あやめ園
心理的満足機能	水と周辺の地物・生物に接することによって情緒的満足を与える	清浄水・樹木・その他
浄化保健機能	空気・水を浄化する	浄化用水・樹木・その他
生物育成機能	鳥類・魚類・虫類・水生植物を生育する	水中および水辺動植物の生育場
空間機能	空地帯などとなる	水流・樹木・遊歩道・オープンスペース
防災機能	消防水利	貯留池

出典：土屋十圀「都市河川の総合親水性に関する研究」『河川』1973.11

写真2　古川親水公園

写真3　お台場海浜公園

東京都江戸川区でわが国初の親水を冠した古川親水公園として具体化された（**表1**）。その後，全国各地に同様の親水を冠した公園が開設されることになり普及した。そして，今日，「親水」の概念は，海や湖沼においても用いられるようになり，「水のある空間」全般に適用されるようになった。

一方，海についても埋立てが進み，パブリックアクセスが寸断され，海域の水質環境の悪化や生態系を含む自然環境の喪失が進むなかで，当時，東京湾を視察した美濃部知事によって，東京都区部の概ね1/3の面積を有する葛西沖から羽田沖までの海域を自然との触れ合いの場として保全することが必要との認識が示され，都民のための海上公園を体系的に整備する案が提示された。それを受け，東京都では1970年12月に「失われた海を都民の手に返す」ことを目的として「東京都海上公園構想」をまとめた。その翌1971年8月には，構想具体化のための「海上公園基本計画」が策定された。1972年から整備事業がはじめられ，1975年には東京都海上公園条例が施行され，この年，お台場海浜公園や晴海ふ頭公園など12公園が開園した。以来2011年までに40公園が開設され，計画では44公園が開園する予定である。この海上公園は，海浜公園（お台場海浜公園，若洲海浜公園，葛西臨海公園など），ふ頭公園（晴海ふ頭公園，竹芝ふ頭公園，青海南ふ頭公園など），緑道公園（京浜運河緑道公園，辰巳の森緑道公園など）によって構成されている。

また，国の政策としての第三次全国総合開発計画（1972年11月策定）では，はじめて「沿岸域」の概念が提示され，海陸を一体的に捉えることで，自然や生態系に応じて，保全と利用を一体的に行う必要があると提唱され，それまでの開発を主体とした施策体系から，利用と環境保全に対する配慮の必要性も示唆された。こうした概念の提示は，その後の海洋の空間利用やウォーターフロント開発などを触発し，それまでなかった水（海）域を含めた場所や空間に対して，新たな価値づけを行うことにつながり，水辺の存在が地域やまちづくりにおいて大きな意味を持つこととなった。

［畔柳昭雄］

《参考文献》
1) 国土庁大都市圏整備局　編：東京湾―人と水のふれあいをめざして，1993
2) 畔柳昭雄・渡辺秀俊：都市の水辺と人間行動―都市生態学的視点による親水行動論，共立出版，1999

▶ 第1部　親水空間論

1980年代　ウォーターフロント開発の展開・親水概念の登場

● 都市の河川から臨海部へ

　1970年代中期以降，都市生活者を取り巻く「環境」全般に対して，人々が関心を寄せるようになり，身近な緑に対する認識を深めるようになった。それに合わせて公園や緑地の整備が進められた。同様に「水」についての関心も都市の河川空間の見直しに限らず，「海」でも沿岸域や海洋空間利用といった新たな概念が台頭し，東京湾や大阪湾に対してもスポットライトが当てられた。

　その中で，都市内の河川の水辺については，東京都江戸川区の古川親水公園開設の成功を受け，親水公園の整備が全国的に波及する機運を見せ，水質の汚濁や悪臭を放す河川や公共溝渠，打ち捨てられた掘割や運河，用水路に対しても目が向けられることで，水路の再生や水質改善が進み，水路は親水性にあふれた空間に再生されるようになった。この機運により水辺は一転して都市にとって欠かせない存在になる一方で，類似した様相を見せる親水公園が増えた。それは，水辺にはどこでも親水階段や親水広場が設けられ，水面には鯉の泳ぐ姿が見られるなど，地域性や個性を失った水辺空間が出現することになった。

　こうした水辺の整備と連動するように，建築学会においても，建築雑誌の特集として「建築と水環境」(1979.2) や「水環境」(1983.6) が組まれたり，一方では「都市美」や「エコロジー」に関する特集も組まれるなど，建築界においても環境形成要素として，水や景観，生態系などに対して関心が芽生えた。加えて，旧来から地域を流下していた用水路や中小河川に対しても関心が向けられるようになり，フィールドサーベイを通して，地方都市や町村の中で，住民生活に根づいた用水路に目が向けられ，水空間の役割や水利用に関する建築的調査が実施され，地域社会における水辺に関する伝承や慣習，決め事など，固有な水とのつながりや水の存在に基づく地域社会の形成などが考究され，水辺の意義が多面的に論じられるようになった。

　一方，1980年代初期，高度経済成長がもたらした「モノの豊かさ」「大量生産大量消費」に対する意識が次第に「心の豊かさ」を希求する意識に変わり，「量から質へ」へと転換していった。こうした時代的背景を受け，都市の環境形成におけるアメニティ創出では，「潤い」「ゆとり」「安らぎ」をキーワードとした空間創出が求められる

第1章　親水と時代

写真1　隅田川親水テラス工事前（高潮防波堤）

写真2　隅田川親水テラス工事後（高規格堤防）

ようになった。そして，それまで都会の隅に追いやられていた運河や臨海部は，特有の雰囲気が都会人に受け入れられることで，倉庫はパフォーマンススペースやギャラリーとして再利用されたり，ライブハウス，カフェなどに転用されることで，「ロフト文化」を開花させ，その後台頭してくる「ウォーターフロントの時代」の先駆けとしてもてはやされ一世風靡した。ただ，この場合，「水」や「水辺」に対する関心よりも，運河と倉庫によって形成された非日常的な場所性や特異性が人々に受け入れられた。そのため，ブームが去ると同時に人々の賑わいも消えた。しかしながら，ウォーターフロントは，次第に都市の機能更新を展開する場として注目された（写真1・2）。

● ウォーターフロント開発の勃興

わが国にウォーターフロントのブームが到来する以前，海洋空間利用というそれまでの海洋開発による石油，鉱物など天然資源開発を主眼としてきた考え方とは一線を介した，広大な海洋空間を空間資源として利用する新たな考え方が台頭した。それは，都市に要求される機能でありながら，広大な用地が要されたり，立地が困難な機能・用途を海を利用することで海上に立地させようとするものであり，海上空港や人工島が具体化された。このことにより，次第に都市前面の海域がフロンティアの場として認識されるようになり，それまでの臨海部は埋立地という殺伐としたマイナスイメージで受け取られていたものが，水辺は潤いある空間として捉えられ，"ウォーターフロント"という言葉の持つ響きによりイメージは一変された。それにより当時，東京，横浜，千葉，大阪，神戸などで起動しはじめていた臨海部再開発は，この言葉の流行により一挙に注目された。

このブームと化した都市臨海部の開発は，1960年代初頭にWTC（世界貿易センタービル）を立地することで，都市臨海部の活性化を図ることが世界各地の主要港湾で画策されていた。そのころは，WTCに情報センターとしての機能的役割を具備させることで，臨港地区の再開発の拠点形成を図り，一帯を都市と港を結びつける結節点とすることが計画されていた。この計画は，港湾機能の衰退により，臨港地区の役割が低下することで，次第に周辺地区の荒廃（インナーシティ問題）が進んだことに起因しており，労働の場から知的交流の場への転換が意図された。そして，WTCは世界をネットワーク化するように，東京，神戸，ニューヨーク（写真3），ニューオリンズ，シアトル，アムステルダム，ボルチモア（写真4），アントワープで計画・実施された。わが国以外では都市の中のウォーターフロントとしての役割が，総合的に検討され，ニューヨークの場合，1963年には「Back to Waterfront」というキャッチフレーズが掲げられ再開発が推進された。しかしながら，日本での取組みは，地区の面的な開発には結びつかず，神戸（三宮）も東京（浜松町）（写

写真3　ニューヨークのWTC（9.11前のWTC）

写真4　ボルチモアのWTC（左の高層建築物）

写真5　浜松町のWTC（背後に東京タワー）

真5）もWTCの建物単体の建設に終わった。

　このポスト工業化としてのウォーターフロントに対する取組みが本格的に始動したのは、アメリカ、イギリスでは1970年代中期からで、それまでの物資輸送のシステムがコンテナを主体としたものに替わることで物流形態が大きく変化し、港湾機能もその様相を変えることになった。そのため、遊休化した用地を従来までの土地利用とは全く異なる都市の機能更新のための場として位置づけ、隔絶された地区としてではなく背後の都市と有機的連携を図りつつ、併せて都市問題の解決を図ることが意図され、都市の水際に新たにテレポートやハイテク産業のための業務用地、商業用地、集客施設、観光施設などを導入することで、それまでの水依存機能（造船所、倉庫など水に依存した機能）一辺倒から、水関連機能（水に関連することで集客性を高める）の立地に転換していき、80年代中期ごろから次第にその姿が現れてきた。こうした開発の先鞭をつけたのがWTC開発であった。また、物流機能はネットワークされているため、次第に各国の港湾地区では機能転換を余儀なくされるようになり、ウォーターフロント開発は世界的なブームとなった。こうしたウォーターフロント開発の中で、水際に立地することで得られる快適性を一層高めるために、パブリックアクセスの確保や水辺の眺望確保、親水性に富むプロムナード整備などがデザインガイドラインとして示されることで、都市の中に位置しながらも従来までの人を寄せつけず、水辺にも近づけず、水面も眺望できない臨海部空間とは大きく異なり、人が集まり、潤いや安らぎがあり、親水性に満たされた場所が形成されることになった。

　こうした都市機能の転換の場所としての水辺に対する期待は膨らむ一方で、わが国では地価の高騰に対する土地利用面から、三大都市圏に限らず地方都市から市町村に至るまで、およそ水辺を持つ場所ではウォーターフロントが合言葉のようにブームのごとく伝搬して行き、再開発が掲げられ、水際には百花繚乱のごとく構想が描かれ、地域振興や活性化を図る起爆剤としての期待が高まった。その中で、横浜MM21（1983年）（**写真6**）や千葉の幕張新都心（1983年）（**写真7**）、東京の臨海副都心（1989年）（**写真8**）の開発が起動し、親水性を取り入れた開発が進められた。

● **親水性の普及と概念化**

　こうした構想・計画案については当時、金太郎飴と揶揄されたが、水辺に関する関心や認識を深

第1章 親水と時代

写真6　横浜のMM21

写真7　千葉の幕張新都心

写真8　東京の臨海副都心

める機会につながった。また，このブームの到来によって，当初は河川機能の一つとして提示された親水機能の概念が，河川以外の海，湖沼，ため池，運河，用水路までを含む「水のある空間」全般においても適用されるようになり，抽象的な概念のまま多様な解釈がなされ普及することになった。ただし，こうした動向により，それまで打ち捨てられていた水辺の多くの場所で，水質改善や護岸改修が進められることになった。この背景には，当時のバブル経済や1988年に施行されたリゾート法（総合保養地域整備法）の追い風があり，

東京湾や大阪湾の臨海部では海浜公園やふ頭公園が多数開園した。また，全国的にもこの時期に親水公園が多数開園することになった。

　こうした「親水性」や「親水機能」が改めて注目される訳は，本来，河川や用水路，湖沼，海岸などが自明の理として果たしてきた「親水機能」を果たし得なくなったためでもある。ここで，親水機能について従来までの定義などについて整理すると，概ね「水辺が人間の生理・心理にとって良い効果を与える」ことと解釈できる。また，1985年には「親水権」が第1回水郷水都全国会議（島根県）で"松江宣言"として発せられた。それは「都市と水との共存関係こそが，地域社会の基盤である」と地域社会と水環境の関係性が重視され，「水郷・水都の住民は，その固有の権利として水に親しむ，すなわち親水権を持つものであることを確認した」としており，親水機能が地域社会の形成に重要な意義を持つものとして住民側から提示された。また，「『親水』という言葉は，安全性，快適性，レクリエーション機能を持ち，市民や水辺や海辺に身近に感じ接しやすくなることともいえる」といった考え方などもあり，こうした「親水機能」の要件を整理すると，①水のある空間および施設，②水の持つ物理的・科学的な諸作用，③人間およびその知覚，④人間の知覚を通じた水（空間）との接触，⑤その結果として，人間への心理的・生理的効果，となる。そこで，「親水」の概念を「五感を通じた水との接触により，人間の心理・生理にとって良い効果が得られる」と考えることで，この概念定義に基づき，水のある空間がもたらす効果を積極的にまちづくり，地域づくり，建築デザインに取り込んで行くことで潤いある空間を人々は享受できるようになる。

［畔柳昭雄］

《参考文献》

1) 畔柳昭雄・渡辺秀俊：都市の水辺と人間行動―都市生態学的視点による親水行動論．共立出版，1999

1990年代　親水整備の展開

● 親水整備に対する期待

　1990年代に入ると，環境問題がにわかにクローズアップされ，酸性雨，砂漠化現象，地球温暖化など地球規模の問題として各国の政府間でも議論されるようになり，1992年にはブラジルのリオデジャネイロで地球サミット「環境と開発に関する国際連合会議」が開催され，そこで「持続可能な開発（Sustainable Development）」が提案された。その行動計画として「アジェンダ21」「気候変動枠組条約」「生物多様性条約」が採択され，グローバルな取組みが求められるようになった。こうしたことを受けて人々の間では人間生活と自然との調和・共生を表す考え方として"エコロジー"または"エコ"に対する認識が1970年代とは異なる高まりを見せるようになり，生物や生態系を含めて身近な自然や水や緑の保全に対する関心が国民的に向上した。

　一方，国ではこの時期，環境基本法の成立（1993年），環境基本計画の決定（1994年），環境保全行動計画の決定（1995年），環境影響評価法の成立（1997年）と，環境問題に対する積極的な取組みが行われた。加えて，生物の多様性の保全と持続可能な利用について，生物多様性国家戦略の策定（1995年）などが行われた。

　また，少し遡り1987年の第4次全国総合開発計画では「緑と水」が盛り込まれたが，1998年の新しい全国総合開発計画では，さらに踏み込み自然の価値の重要性を指摘しつつ，流域圏に着目し，河川空間の自然性と水辺の快適性を向上させるため，多様な生物の生息に配慮した"多自然型川づくり"や"水と緑のネットワークの整備"など，自然や水辺を重視した施策が多数盛り込まれた。

　このころ取り組まれた具体的な事業を見ると建設省（当時）では1991年から「多自然型川づくり」の事業を推進し，それまでとはまったく異なり，河川に生息生育する魚類や植物，鳥類などのさまざまな生態を保全・創出することを目指して，河川に新たに瀬・淵を創出し，変化のある流路環境の創造し，覆土による植生，魚の移動を考慮した落差工の採用など，河川の環境に配慮した川づくりが展開されるようになった。こうした生物に対する配慮を行うことは，公共事業としてははじめての事業であり，「ふるさとの川モデル事業」や「マイタウンマイリバー整備事業」としても展開された。一方，海岸においては「コースタル・コミュ

ニティゾーン整備事業」や「マリンマルチゾーン整備事業」などが「潤い」や「触れ合い」を掲げて推進され，従来までのコンクリート護岸による無機質な海岸保全とは異なる景観創造的配慮を加味した，養浜による面的防御やサンゴ環礁を模した人工リーフの導入による高潮や荒天時における海面の静穏度維持を図る技術的な方策が，検討され一部が実施されてきた。加えて，自治体などの長期構想においても「緑と水」の文字と「潤い」や「安らぎ」の文字が数多く見受けられるようになり，水辺に対しては治水・利水に配慮しつつも，これらに加えて親水性や環境保全も重視する姿勢をみせはじめた。東京都においても1991年に「東京都河川景観ガイドライン（案）」を策定し，次いで，1993年には「東京都水辺環境保全計画」が策定された。この計画の中では「快適な水辺環境の保全・創出」を水辺環境づくりの目標として掲げ，次の5つの視点から水辺環境計画を展開するとした。①水をきれいにする，②水の流れを確保する，③水辺の生き物を守り育てる，④親しめる水辺をつくる，⑤快適な水辺を都民とつくる，として，都内の河川や東京湾を対象に21の水域について21世紀初頭に望ましい水辺環境の姿とするためにはどのような魚が住むか，具体的目標を掲げた。この目標達成のために下水道整備の推進，浄化施設の設置，汚濁発生源対策の充実，湧水の保全・回復，生物の生息環境の保全・育成，親水空間の創出，水と緑のネットワークづくり，水辺環境情報の提供などの施策を展開してきている。

● **多様な親水空間整備**

河川においては，長良川河口堰などに対する環境面からの問題提起に端を発し，河川整備の面で，1990年に風景の保全を基本理念とした近自然河川工法が導入された。これにより生物の生息生育空間が形成できるように，洪水の制御ととも

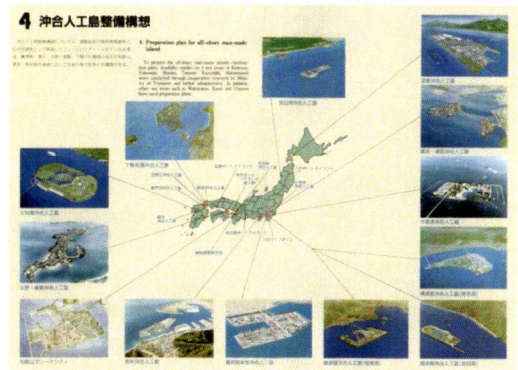

図1　沖合人工島整備構想

図2　沖合人工島　　図3　MMZのPRパンフレット

に自然環境や景観に対しても配慮した「多自然型川づくり」が全国で展開されるようになった。この川づくりは，公共だけが行うのではなく，多様な住民や主体が参加して行われることを念頭に置いたものであった。しかし，川づくり事業の導入後，単に自然を増やしたり，歴史性や文化性の欠落など河川環境に対する配慮の欠落も多数生じたことから，多自然型川づくりは，「多自然川づくり」と名称変更することで，河川全体の自然の営みを視野に入れ，地域の暮らしや歴史・文化と調和し，河川が本来有している生物の生息生育・繁殖環境，並びに多様な河川風景を保全・創出するものとされた。この河川整備をきっかけとして，それまで切り離されていた都市計画と河川整備を一体的に扱い，都市空間の再生面でも河川を含めた計画が重要であるとの認識が高まった。これは豊かな自然を内在した河川区間を創出するためには十分な用地が要されるということである。北海道恵庭市

の茂漁川では旧河道を公園として一体整備することで，親水性の高い河川空間を創出することができた。

一方，河川環境が生物の多様な生息生育環境であることなどを受けて，その後，河川法の改正が行われることになった。従来までの河川法（1896年）では，河川管理は「治水」だけであった。その後，経済成長期に水需要が増し改正（1964年）が行われ「利水」が加えられた。そして，河川環境の比重が増すことで再び改正（1997年）され，「環境」が加えられることで「治水」「利水」「環境」が三位一体となって河川管理が成されることとなった。この河川法の改正が行われた後，海岸法も改正（1999年）され，旧海岸法の「防御」に加えて「環境」と「利用」が位置づけられた。

多自然川づくりでは，河川そのものを豊かな姿にすることを念頭に置き，それまでの単に水を排水するだけの役割と化していた場所（空間）から，流れる水の動きを眺めたり，川面に映る風景を楽しんだり，生き物の姿を楽しむなど，多様な環境や親水性を提供する場へと変身することで，豊かな水辺を形成する。こうした川づくりが静岡県三島市の源兵衛川や神奈川県横浜市のいたち川や和泉川など全国で展開され，まちづくりと一体化し，流域全体をまちづくり資源とすることで，川と交わる道や川へつながる道の整備（パブリックアクセス整備），周辺の緑との連続性，親水空間整備などが行われるようになった。また，都市や地域を流下する川は，その都市の骨格（都市軸）を形成するものとして，都市の魅力を高める空間と捉え，都市の中で唯一人々が自然と触れ合える場，水の流れや風を感じられる場，眺望を楽しめる場，として河川を捉えるようになってきた。

● **生物生態系に対する配慮**

水辺は陸地と水面の二つの異なった領域が接する場であり，陸域から水域へと環境が変化する移

写真1　源兵衛川の中に設けられた「川のみち」（水質浄化機能付き）

写真2　源兵衛川に面し花で飾られるようになった住宅入口

写真3　源兵衛川に設けられた親水階段

行帯＝エコトーン（Ecotoon）が形成され，多様な生物の生息生育環境を形成する空間である。多様性のある生物相は生態系の豊かさと健全性を表し，自然環境の豊かさを表す。そのため，自然環境が貧相な場所では多様性に満ちた生態系は育まれず，単一な生物相になりやすい。そして，自然の豊かさは生物の豊かさを表し，生物が豊かな環境は，人々も親しみを抱く環境となる。よって，底生生物，水鳥，魚介類，水生生物などの多様な

写真4　近自然護岸の水路に鮭が泳ぐビオトープ

生物が生息生育する水環境は，人々にとっても良好な親水環境となる。こうしたことから，河川や水辺における親水空間整備の中で，水質浄化とともに生物の姿が求められるようになり，「ビオトープ（Biotop）」の考え方が登場してきた。この概念は，周辺地域から明らかに区別される性質を持った生物の生息環境の地理的な最小単位とされるもので，ある特定の河川の水環境において生物が生息する生物群集により構成される生態系とされる。こうしたビオトープ導入の背景には，従来までの河川改修では，瀬や淵，川床，流量，流況など，生物が生息生育するために要される生物的環境や場所がすべて消失してしまい，結果として，河川を排水路と化してきた整備手法に対する反省がある。このため，再び生物の生息する河川環境を取り戻す手法として1990年ごろ，ドイツにおける河川整備手法としてビオトープの概念が導入されるようになった。これにより人工的に護岸化され，直線化されることで単純な空間とされてきたそれまでの河川形態を元の自然の姿に近い形に復元し，多様な自然や生物を復活させるとともに，自然が具備していた水質浄化能力を利用しようとするものであり，近自然河川工法とも呼ばれた。このことは，それまで流水機能を最優先した河川形態を，生物の生息場所でもあることを再認識し，魚，野鳥など小動物の食物連鎖による生息環境形成や特定の植物の生育環境形成を目標に，再び生態系を育む河川環境を取り戻し，併せて自然景観を取り戻すことを目指して展開されてきた。こうした多様な生物的な環境の創造はエコアップとも呼ばれる。

　生物多様性を維持するうえでは，ビオトープは連携するように配することで，生物の移動性を妨げないように配置することが重要になる。例えば，トンボの場合，おおよそ400mごとにビオトープを設けることが生育環境を形成することにつながるため，ビオトープ・ネットワークを形成することが重要である。ビオトープは今日，小学校や都市公園の整備においても導入されるようになり，生態観察や自然との触れ合いを合言葉に全国的な展開がなされてきた。

　一方，ビオトープの保全対策の一つとしてミティゲーション（Mitigation）と呼ばれる取組みがある。これは，公共事業などにより発生する生物生息環境に対する影響を最小限に抑えるため，この影響を軽減あるいは緩和する補償措置や代替措置として，人為的に生態系の持つ機能をほかの場所で代償したり，あるいはほぼ同じ場所で代償する行為を指すものである。広島県五日市の港湾では，港湾整備のために野鳥の飛来地となっていた干潟が失われたため，代替地として人工干潟が創出され，飛来地として機能している。

〔畔柳昭雄〕

《参考文献》
1) 畔柳昭雄・渡辺秀俊・磯部久貴：都市河川の変遷から見た人と文字との係わりに関する研究，第10回環境情報科学論文集，1996，pp.117-122
2) 宇井えりか・畔柳昭雄：水辺の変遷からみた人間と自然との係わりに関する研究，日本建築学会計画系論文集，第540号，2001，pp.315-322
3) 柴垣太郎・畔柳昭雄：干潟における人と自然との係わりに関する研究―千葉県木更津市盤洲干潟をケーススタディとして，環境情報科学論文集16，2002，pp.299-304

2000年代　親水のカタチの再考

● 地域資源としての水辺

　1970年代以降，生活環境を構成する空間要素として「水辺」の占める比重が高まりを見せ，河川や水路，運河などは，それまで打ち捨てられた空間となっていたが，国や自治体による各種政策や環境改善事業などが実施されることで，暗渠化された河川は再び開渠され，人工的流路は自然的流路へと改修され，水質浄化や生態系に対する配慮も施されることで，それまでの姿とは打って変わった様相を呈することになった。加えて，都市臨海部の水際の開発も展開されることで水辺に対する人々の関心は一層高まりを見せ，再び親水性を取り戻した水辺は，安らぎや潤い，憩いを享受する場として利用されるようになった。そして，河川の整備においては，親水公園化や緑道を備えた水辺を増やすことにつながった。こうした経緯を踏まえつつ，社会的な環境指向の高まりを背景として「水や緑」に対して人々の認識が深まることで，生活環境形成の上では欠かせない存在となる一方，その効用は良好な環境を形成するだけではなく，地域社会における人間関係を深める機会の創出にもつながり，地域のコミュニティ形成のきっかけを提供する場ともなった。特に親水公園などの水辺が地域に整備されることで，その環境維持を図るための規範意識が住民間に芽生え，清掃活動や各種行事を住民自らが率先して実施したり，住民組織が管理運営面で行政と協働する取組みも各地で見られる。

　加えて，都市化が進むなかで，自然との触れ合いの機会が減少する傾向にあるため，その代替措置となる水辺の環境整備は，地域環境としての河川や水辺を，自然性を備えた地域資源とすることにもつながる。

　こうした水辺空間の創造・整備が進むことで，都市内には「水のある空間」や「親水性のある水辺」

写真1　多摩川登戸における水辺の楽校開催風景

の存在は，極めて当たり前のこととして受け止められつつ，こうした空間や場所を利用して，自然の復元や失われた生態系を再生する試みも行われている。また，こうした空間や場所を利用して，子供と水辺とのかかわりを増やす各種取組みも行政，NPO，地域住民を中心に増えてきている（**写真1**）。水辺を地域資源あるいは貴重な教育資源として捉え直すことで，自然環境としての水辺において，水遊び，昆虫や魚などの生物採取，植物観察などを行うことが子供たちの間で増えることにより，それを活用した自然体験や環境学習の場とする取組みも図られるようになった。

● 水辺の楽校による取組み

1996年から国土交通省では，地域のNPOや住民組織，地方公共団体と連携して「水辺の楽校」（図1），「いきいき海の子・浜づくり」など，河川や海岸における水辺づくりを展開する一方，文部科学省と環境省は連携して「子どもの水辺」再発見プロジェクトを展開してきている。加えて，学校ビオトープや雨水利用などを盛り込んだ各種事業や子供たちに水辺における自然や生態系と触れ合う環境学習の場を提供する試みも展開してきている。「水辺の楽校」プロジェクトは，「子供たちの水辺の遊びを支える地域連携体制の構築」と「自然環境あふれる安全な水辺の創出」を目的に掲げて，2008年までに全国260か所の市町村における水辺で「身近にある水辺を活用して子供に自然との触れ合いの場を提供する」ための事業を展開している。事業実施にあたっては水辺整備の計画を各市町村から募集し，審査結果に基づき事業指定が行われる。事業は従来までの河川整備事業とは異なり，水辺を子供たちが自然体験の場として活用できるように，自然環境の維持に配慮しながら，必要に応じてアクセスなどの施設整備や安全管理に配慮した整備を行うこととし，河川管理者，住民，NPOからなる推進協議会が計画を策定する。

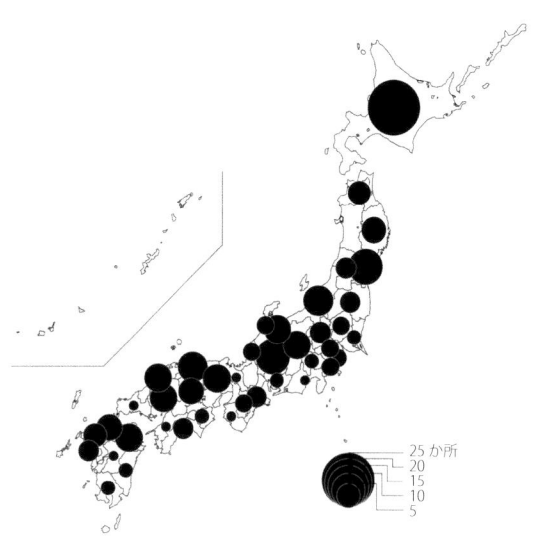

図1 都道府県別「水辺の楽校事業」指定箇所分布

そのため，各地で設立された水辺の楽校では，運営組織や活動テーマ，活動場所などが決められると，その後に，参加者を募り，活動場所となる水辺においてワンドづくりやビオトープづくりなどが必要に応じて行われている。また，そこでの主な活動は，河川でのサマーキャンプの実施，水質や生物調査，釣りや水遊び，流域に生息する動物や野鳥の観察など，水辺とのかかわりにより形成されている生態系の理解など，ワークショップ形式などが取り入れられ開催されている（**図2**）。

また，この事業は流域の管理体制を創出するうえで，そのネットワークの基盤は日常的に河川とかかわる地域住民を中心に据えた管理体制を充実させることが重要という理念に基づき実施されている。特に，子供の遊び場としての安全管理や生物生息の場としての日常的な管理などは，当該地区に住む地域住民を中心として実施されることが重要であると位置づけている。現在，子供たちの活動においては，週休二日制の定着や総合学習などの実施に伴い，水辺に触れる機会が増加し，水辺の生物への興味や関心も高まることで，「水辺の楽校」への参加は増えている（**写真2・3**）。

こうした子供に対する環境教育への取組みは，子供に環境の大切さ重要性を教えるだけではな

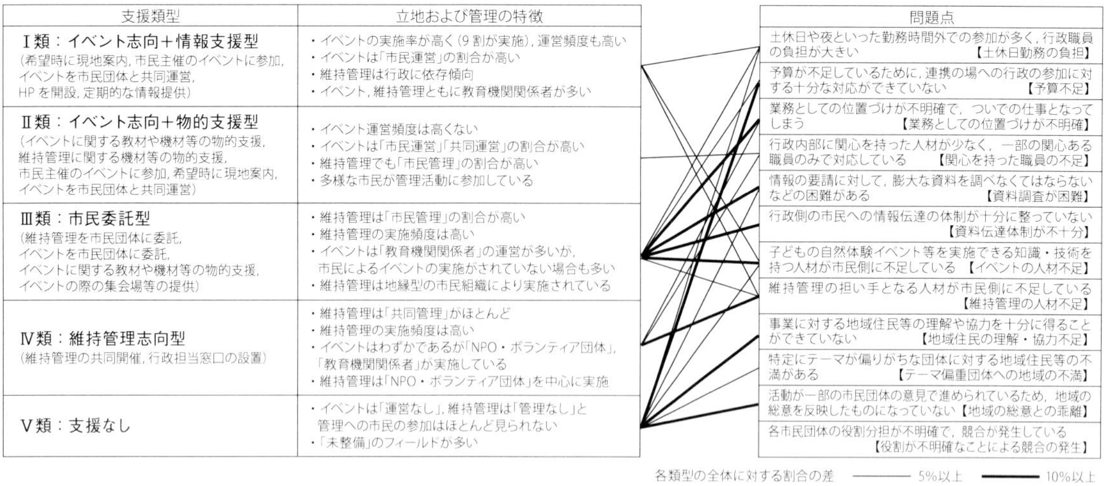

▶ 第1部　親水空間論

支援類型	立地および管理の特徴	問題点
Ⅰ類：イベント志向＋情報支援型 （希望時に現地案内, 市民主催のイベントに参加, イベントを市民団体と共同運営, HPを開設, 定期的な情報提供）	・イベントの実施率が高く（9割が実施）, 運営頻度も高い ・イベントは「市民運営」の割合が高い ・維持管理は行政に依存傾向 ・イベント, 維持管理ともに教育機関関係者が多い	土休日や夜といった勤務時間外での参加が多く, 行政職員の負担が大きい　【土休日勤務の負担】 予算が不足しているために, 連携の場への行政の参加に対する十分な対応ができていない　【予算不足】 業務としての位置づけが不明確で, ついでの仕事となってしまう　【業務としての位置づけが不明確】 行政内部に関心を持った人材が少なく, 一部の関心ある職員のみで対応している　【関心を持った職員の不足】
Ⅱ類：イベント志向＋物的支援型 （イベントに関する教材や機材等の物的支援, 維持管理に関する機材等の物的支援, 市民主催のイベントに参加, 希望時に現地案内, イベントを市民団体と共同運営）	・イベント運営頻度は高くない ・イベントは「市民運営」「共同運営」の割合が高い ・維持管理でも「市民管理」の割合が高い ・多様な市民が管理活動に参加している	情報の要請に対して, 膨大な資料を調べなくてはならないなどの困難がある　【資料調査が困難】 行政側の市民への情報伝達の体制が十分に整っていない　【情報伝達体制が不十分】
Ⅲ類：市民委託型 （維持管理を市民団体に委託, イベントを市民団体に委託, イベントに関する教材や機材等の物的支援, イベントの際の集会場等の提供）	・維持管理は「市民管理」の割合が高い ・維持管理の実施頻度は高い ・イベントは「教育機関関係者」の運営が多いが, 市民によるイベントの実施がされていない場合も多い ・維持管理は地縁型の市民組織により実施されている	子どもの自然体験イベント等を実施できる知識・技術を持つ人材が市民側に不足している　【イベントの人材不足】 維持管理の担い手となる人材が市民側に不足している　【維持管理の人材不足】
Ⅳ類：維持管理志向型 （維持管理の共同開催, 行政担当窓口の設置）	・維持管理は「共同管理」がほとんど ・維持管理の実施頻度は高い ・イベントはわずかであるが「NPO・ボランティア団体」,「教育機関関係者」が実施している ・維持管理は「NPO・ボランティア団体」を中心に実施	事業に対する地域住民の理解や協力を十分に得ることが難しい　【地域住民の理解・協力不足】 特定にテーマが偏りがちな団体に対する地域住民等の不満がある　【テーマ偏重団体への地域の不満】
Ⅴ類：支援なし	・イベントは「運営なし」, 維持管理は「管理なし」と管理への市民の参加はほとんど見られない ・「未整備」のフィールドが多い	活動が一部の市民団体の意見で進められているため, 地域の総意を反映したものになっていない　【地域の総意との乖離】 各市民団体の役割分担が不明確で, 競合が発生している　【役割が不明確なことによる競合の発生】

各類型の全体に対する割合の差　—— 5％以上　━━ 10％以上

図2　水辺の楽校事業における行政と市民の連携のタイプの特徴と問題点

写真2　水辺の楽校（ワークショップ）

写真3　水辺の楽校（水辺デザイン）

く, 環境のさまざまな役割, 効果, 仕組み, かかわりを教える役割を担う親たちに対しても環境に関心を持ってもらうことが期待されている。

水辺の楽校は, 地域環境を「地域資源」として扱うことに主眼が置かれているが, 必ずしも豊かで優れた資源資質を保有していたり, あるいは期待できる水辺ばかりではない。そのため, 地域資源の扱い方や, 参加する子供たちが自然に不慣れなことから生じる問題や課題および運営上の課題なども克服する必要がある。

● 環境教育の場としての水辺

環境教育が目指すものは「自然環境及び人工環境の両方を含むすべての環境に関する知識を持ち, 環境の質を保証するための研究, 問題解決, 意志決定, そして行動に必要な能力を有し, それらに主体的に参加できる市民を育てる学習的な過程である」とされる。また, 環境に関する国際的な取組みを見ると, 古くは1972年の「国連人間環境会議（ストックホルム会議）」があり, このときの宣言に「次世代に対する配慮を踏まえた環境の利用」が明記され,「人間の生活, 社会が自然生態系に悪影響を与えていることを認識し, また, 自然生態系を維持する社会を形成すること」

が求められた。そして，原則 19 に環境教育の必要性が明記され，行動計画において環境教育のカリキュラムの指針が提示された。その後，1975年に旧ユーゴスラビアで国際環境教育専門家会議（通称：ベオグラード会議）が開催され，2年後にグルジア共和国のトビリシで「環境教育政府間会議（通称：トビリシ会議）」が開催され，環境教育の学習目標として「関心」「知識」「態度」「技能」「評価能力」「参加」が提示され，以後，環境教育カリキュラムの基本理念となった。1992 年の会議はブラジル・リオデジャネイロで「地球環境サミット」として開催され，「環境と開発に関するリオ宣言」が採択された。その際，行動計画として「アジェンダ 21」が採択され，この計画の 36 章に「教育，意識啓発及び訓練の推進」が盛り込まれたが，これはトビリシ宣言の基本原則に沿って作成されたものである。また，地球規模での深刻な環境問題に対応するため「気候変動枠組条約」「生物多様性条約」が結ばれ，後者においては第2条，13 条において生物多様性の保全のために必要な処置を教育により計画的に行う必要性が明記された。1997 年には UNESCO とギリシャ政府により「環境と社会に関する国際会議」が開催され「テサロニキ宣言」が採択され，持続可能の概念を構成するなかに環境教育が盛り込まれた。

こうした国際的な取組みとしての環境教育とその理念を背景として，わが国の環境省と文部科学省においても環境教育に対する取組みが進められてきたが，水環境については，水の働きや人間社会とのかかわり，水環境の管理や改善のあり方を説き，水の環境学習課題として，「自然の仕組み（水の性質と働き，水といのち）」，「人間の活動が環境に及ぼす影響（自然の水循環と人工の水循環，水の汚染と浄化）」，「人間と環境のかかわり方（水と家庭，水と社会）」，「人間と環境とのかかわり方の歴史・文化（水にかかわる歴史と文化）」の4指標が掲げられている（**図 3**）。

国や関係各省庁では，水域の環境保全事業や水

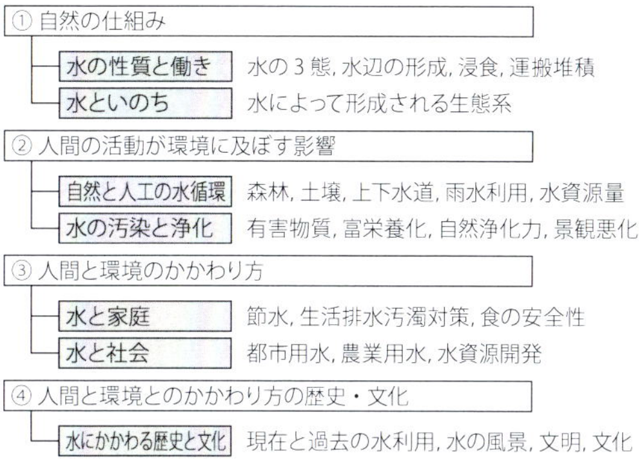

図 3 水の環境学習課題

写真 4 河川における環境学習

情報，国土の構築事業などの面で，環境保全に関する国民の理解の醸成と環境保全活動への参加意欲の増進を図りながら，場や機会の拡大を図るための方策として，河川における環境教育や環境学習（**写真 4**）の促進を図るために，水辺に対するアクセス性の向上や安全性の確保など物理的な環境整備のほかに，子供と水辺のかかわりを支援する体験プログラムや人的体制の整備など，各種取組みを行ってきている。

[畔柳昭雄]

《参考文献》
1) 大工原洋充・畔柳昭雄：「水辺の楽校」における地域資源活用型学習の現状と課題，環境情報科学論文集 16，2002，pp.51-54
2) 畔柳昭雄・大工原洋充：「水辺の楽校」事業からみた市民・行政の連携による河川管理のあり方に関する研究，日本建築学会計画系論文集，第 586 号，pp.105-110，2004

▶ 第1部　親水空間論

2010年代　親水と安全・安心－新たな親水概念へ

● 水辺のオープンカフェ

　70年代の河川に対する親水機能の提言や80年代後半の臨海部におけるウォーターフロントブームの台頭により，都市の水辺は一躍脚光を浴びる場所となった。そして，河川整備においては，多自然川づくり事業が導入されて以来，河川の様相は大きく変化した。特に都市近郊を流下する河川では，緑，水，生物が再びよみがえり，光，風，木陰，眺望や景観といった都市化の中で人々の心和ませる環境性や空間性が水辺によみがえることで，自然に満ちた場所が復活するようになった。

　こうした環境整備が図られた後の水辺は，自然環境を育成する場としても機能することで，環境学習や環境教育の場，地域コミュニティ形成の場としても利用されるようになり，河川環境の再生は親水性を取り戻しただけではなく，それまでは意識されることのなかった価値や効果も新たに見いだされるようになり，従来までの親水機能にさらに付加的な機能が乗じることで，これまでとは異なった役割を都市内において水辺は担うことになった。このように水辺が本来備えていた機能が人々に再認識され，加えて新たな教育的意味合いも見いだされることで，都市内における水辺は利用面から積極的に都市環境として位置づけられるとともに，公共空間における収益事業実施のあり方や夜間の水辺空間活用の可能性についても検討する動きが生まれてきた。それは，水辺が市民のライフスタイルを豊かにする効果として，観光資源としての効果を潜在的に備えていることで，基盤整備のあり方（電気・給排水等），周辺環境への影響（ゴミ，騒音等）などについて検討することにより，水辺が持つ，見通しや開放性，涼感などを生かすことで賑わいの場所の形成が図られるとして，各地の水辺で「オープンカフェ」を導入する試みが展開されてきた。

写真1　東京芝浦CANAL CAFEの営業風景

写真2 広島元安川オープンカフェ

オープンカフェのスタイルは1990年代に，都内の代表的な人気スポットの表参道でオープンして以来，屋外の解放感とパラソルなどの設えがおしゃれな都会的感覚として，街行く人々に受け入れられることで，全国的なブームとなり都市内で広く普及した。

このカフェスタイルを水辺に持ち込むことで利用者の促進を図り，水辺に華やいだ雰囲気を演出する効果が期待された。このことにより，それまで時間や天候，季節により，人通りが途絶えたり，賑わいが左右され，夜間はひと気のない場所になり，利用が停滞していた都市内の水辺においても人々の姿が見られるようになった。

こうした試みが広島市の京橋川や大阪市の堂島川で展開され，水辺と市街地の有機的なつながりが見られるようになり各地に類似の試みが増え，東京においても隅田川でオープンカフェの取組みがはじまった。

● **水辺の社会実験**

都市内の繁華街などの人々の集まる場所やその近傍を流れる河川や運河などを対象として，水辺が持つ親水機能を生かした遊歩道や船着場の整備をまちづくりの中に活用することで，賑わいのある水辺空間を創出し，都市の魅力を向上したいとするニーズが各地で高まってきている。

こうしたニーズを受けて，従来まで水辺の利用については利用者が特定化され，限定化されていたことに対して，民間事業者の営利活動を可能とする規制緩和措置を社会実験として位置づけることで，親水性が享受できる新たな水辺利用のあり方の模索が展開されてきている。

この社会実験は，当初は道路に対する利用ニーズや新たな価値意識を見いだすために導入されたものであり，新たな施策の展開や円滑な事業執行に伴う社会的影響を考慮し，施策の導入に先立ち，市民の参加のもとに場所や実施期間を限定して施策を試行・評価することで，地域が抱える課題の解決に向け，関係者や地域住民が施策の導入についての可否判断を行うものであった。この実験方法を水辺に持ち込むことで，河川敷や水面上などの公共空間において，一般利用者のための快適性の高い水辺空間の創出や新たな活用方策の模索が

表1 地域性を反映した水辺の社会実験

河川名	特例措置実施団体	河川管理者
利根川水系利根川	千葉県香取市	関東地方整備局
庄内川水系堀川	愛知県名古屋市	名古屋市
淀川水系道頓堀川	大阪府大阪市	大阪市
淀川水系堂島川等	大阪府	大阪府
太田川水系元安川・旧太田川	広島県広島市	中国地方整備局
太田川水系京橋川	広島県広島市	広島県
那珂川水系那珂川・薬院新川	福岡県福岡市	福岡市

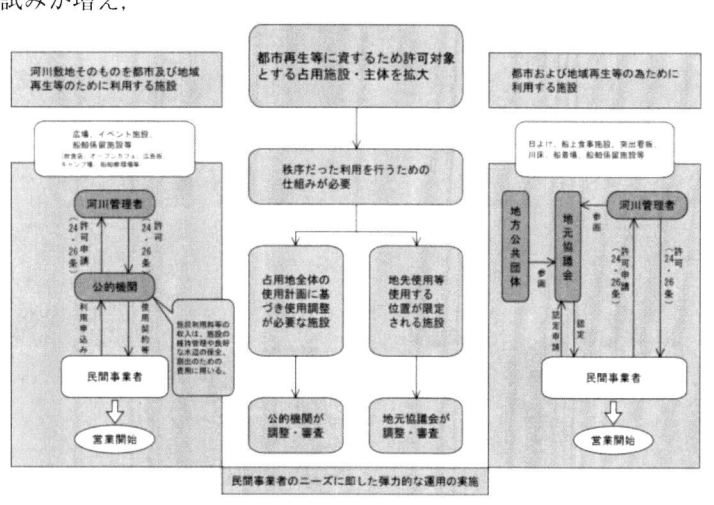

図1 特例措置の概要

▶ 第1部　親水空間論

写真3　広島京橋川オープンカフェ（独立店舗型）

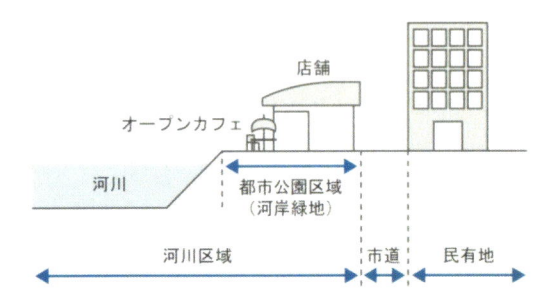

図2　独立店舗型オープンカフェの模式図

写真4　広島京橋川オープンカフェ（地先利用型）

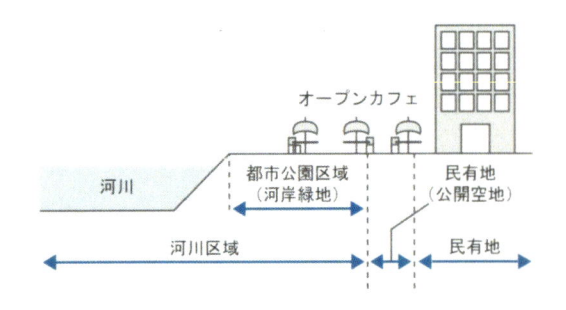

図3　地先利用型オープンカフェの模式図

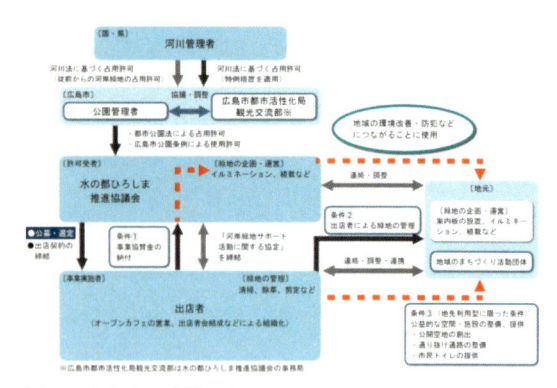

図4　広島市　事業スキーム

展開された。

　2004年3月に国土交通事務次官通達として「都市及び地域の再生等のために利用する施設に係る河川敷地占用許可準則の特例措置ついて」が通知され，これに基づき，河川局長の指定のもと水辺に一定の施設の設置が許可され，河川区域内にある河岸緑地が民間に開放されることで，イベント開催やオープンカフェの設置などがなされ，定常的な広告やオープンカフェなどの設置に伴う施設利用料による運営収益の活用の可能性や維持管理のあり方について検討がなされ，賑わいのある水辺空間の創出や，水辺と市街地との一体化の促進を図るためのルールづくりなども併せて検討されてきた。2009年1月には特別措置としての社会実験の内容充実が図られることで，2012年までに全国の8か所で地域性を反映した各種の水辺の社会実験が実施されてきている。

● 東京都の新たな試み

　水辺の社会実験が進むなかで，東京都では，独自の取組みとして，2006年2月に隅田川や東京港などにある運河の水辺の魅力を高めることで，東京の都市の魅力を高め，観光都市として世界に発信するため，「東京の水辺空間の魅力向上に関する全体構想」を策定した。これまで隅田川や東京港内の運河では，舟運が低下することで，それまであった運河沿いの倉庫について，民間企業が

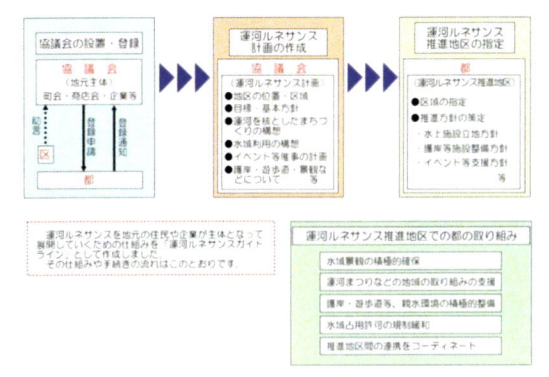

図5 東京都運河ルネサンスガイドラインの概要

図6 運河ルネサンスの芝浦地区の取組み

中心となり転用・改装した水辺のレストランやイベント会場などが建てられてきた。こうした動きは、1985年ごろからはじまり、バブル期には隆盛を誇ったが、その後バブル崩壊と同時に低迷した。しかしながら、再び水辺に対する人々の関心とともに民意の高まりを受けることで、東京都では、この構想に「水辺の賑わい」「舟運」「水辺の景観」「水辺環境」の4つの取組みを含み、親水テラスやオープンカフェの展開などとともに、物流利用が減少した東京港内の運河の役割に対して、観光資源の視点を新たに取り入れた。そして、運河の水域利用と周辺のまちづくりを一体化しつつ、地域が主体となり地域の賑わいや魅力を創出する「運河ルネサンス事業」を策定した。この事業の推進方法は、地域が主体となり、地元区、住民、企業、NPOが連携を図り運河活用を図る際、新たなニーズに適応した水域占用などを行う場合、東京都は規制緩和を行うことで積極的に支援しようとするものである。運河の水域は従来までは物流の利用が主であったが、プレジャーボートやイベント、カフェや遊歩道などを設置することで、水辺を楽しむ場へと利用の転換を図ることで、活気ある地域へとリニューアルしていくとし、そのための措置として、水域の各種の規制を「運河ルネサンス推進地区」に指定されると、特区扱いにより、水域占用許可が規制緩和され、水上レストランなどが設置できるようにした。現在、運河ルネサンス指定地区は、天王洲、芝浦、朝潮、勝島、浜川、鮫洲、豊洲があり、各地区で運河の水辺と一体化したまちづくりが行われてきている。また、芝浦地区では環境学習や社会実験を取り入れた取組みも実施されてきている。

しかし、各区で取り組まれてきている事業は、独自性が強いため、隣接する区同士においても事業内容の関連性は見られず、運河の持つ空間的特性である連続性は必ずしも生かされていないのが現状である。また、事業を実施するうえで、主体となる住民と行政を結ぶ中間的組織や団体が、地区内において複雑化しているケースもあり、運営上の問題・課題となっている。そのため、水辺を介しての地縁性など、組織運営を考慮した連携体制の構築などを検討することも重要になってきている。

一方、運河や河川の水質浄化が進められることで、水辺を活用した新たな観光やイベントが増え、水上バスによる川からの眺めを楽しむツアーや一般人を対象にしたカヌー大会が開催されるほか、民間企業が水陸両用バスを使った東京港の水辺活性化の社会実験をはじめるなど、水辺に賑わいが戻ってきた。

[畔柳昭雄]

《参考文献》
1) 日本建築学会編水辺のまちづくり刊行小委員会：水辺のまちづくり―住民参加の親水デザイン，技報堂出版，2008

北京市（転河）の水辺整備（中国）

　北京北西部に位置する転河は頤和園の昆明湖から故宮北側の外堀（北護城河）につながる河川であり古くは高梁河と称されていた。元来，本河川は導水路としての機能を担ってきたが，1975年から1982年の間に暗渠化され，宅地開発が進められた。その後，2008年の北京五輪にむけ都市の生態環境の改善が進められるなかで，本河川は全長3.7kmにわたって復元され，河畔のリバーウォークのほか，船着場が整備された。

　本整備計画では，流路を「歴史文化園」「生態公園」「置石水景」「水辺回廊」「親水家園」「緑色水路」の6区域にゾーニングされ，全区間を船で航行することが可能になっている。このうち，「生態公園」区域においては，多自然型川づくりの技法が援用され，魚釣りや，読書，散歩など，市民の憩いの場としても機能している。また「親水家園」区域には沿川に水との近接性・親水性を標榜した名称を冠する高層マンションが建設され，同マンションの前面から河川にむかって整備された階段状護岸により水辺への接近が可能になっている。「親水」は元来，水との親和性，溶けやすさなどを意味する化学用語であるが，水辺の快適性や活動，利用などを指す用語として日本の建築・都市計画分野において用いられるようになっ

転河「生態公園」の整備区間

リバーサイドマンションの販売広告

遊覧船

た。現在では，中国でも同じ漢字と意味で使われているほか，韓国でも1990年代以降，同様の用語を冠した整備や公園を見ることができる。

　近年，中国においてもウォーターフロント，リバーサイドのマンションは高い人気を得ており，これらの完成により不動産価格が上昇する現象が見られる。水辺の整備により，活発な水辺利用が行われるなど，親水活動が向上する一方，交通や生活の利便性よりも自然環境の向上による「空間価値の向上」が見られる。

［坪井塑太郎］

第 2 章
親水と場所

海岸　海岸・港湾景観形成ガイドライン策定の経緯と理念

● 海岸景観の視座

　周囲を海に囲まれたわが国は，およそ34 000 km（北方領土を除く）におよぶ海岸総延長距離を持ち，古くから数多くの漁港が整備され沿岸漁業が広く発達したほか，自然景観を鑑賞する観光の場としての機能も果たしてきた。一方，沿岸地域は地勢上，大規模な台風や高潮，地震津波にも被災した経緯を持つ。こうした背景から，1956年に海岸法が制定され，沿岸域の居住者や建築物を災害から守るための海岸堤防の建設が進められ，一応の被害の減少成果を得ている。しかし，高い堤防や護岸，コンクリート製の巨大な消波ブロックは，安全優先による結果であったとしても，海が本来持つ魅力の衰退にも直結したことが課題として挙げられる。

　河川における環境配慮が法的に位置づけられた河川法一部改正（1997年）を前後して，海岸における「親水」事業の端緒となったのは，「ふるさと海岸整備事業」（1989年）であり，以後，「ビーチ利用促進モデル事業」（1992年），「エコ・コースト事業」（1996年）など，景観や利用，環境のための施設整備を目的としたさまざまな事業が創設された（表1）。しかし，近年の海岸整備が沿岸防護（防災）という当初の機能に，新たに親水機能を付加させた結果，海岸が過度に「装置化」し表層的デザインのみが強調される整備が指摘されるようになった。こうした動向は，河川の親水化においても同様の指摘が見られるが，海岸空間は，自然の営力で形成されてきた「自然環境」（地形等）を基盤として，その上に「生態環境」や「生活環境」が構築されており，これら三つの視座に基づき，海の親水のあり方を検討することが重要である（図1）。具体的には，「自然環境」においては，過度の改変を与えないこと，「生態環境」においては海岸域における動植物を保全すること，「生活環境」においては生業としての漁業や沿岸域での安全な生活，文化を継承していくことが求められる。その際，これら三つの構成要素は個別に成立するのではなく，相互のかかわりを

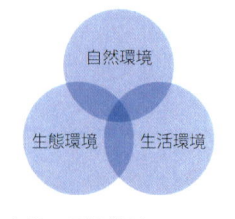

図1　海岸の景観検討のための3視座

表1 海岸事業の展開

年度	事業名	事業目的				整備分類	整備内容
		防護	利用	景観	環境		
1949	高潮対策事業	●				第Ⅰ期	線的防御方式
	海岸堤防修築事業	●					
1950	浸食対策事業	●					
	局部改良事業	●					
1952	災害復旧助成事業	●					
1954	災害関連事業	●					
1973	海岸環境整備事業	●	●	●		第Ⅱ期	レクリエーション都市施設利用整備
1975	海域浄化対策事業				●		
1976	公有地造成護岸等整備事業	●	●				
1979	海岸保全施設補修事業	●					
1987	CCZ整備事業	●	●	●		第Ⅲ期	面的防御方式 多目的利用 新技術構造物
1989	ふるさと海岸整備事業	●	●	●			
1990	海岸環境整備事業	●	●	●			
1992	なぎさリフレッシュ事業	●	●				
	ビーチ利用促進モデル事業	●	●				
1993	多目的沖合制御施設整備事業	●	●				
1996	エコ・コースト事業	●	●	●	●	第Ⅳ期	生態系配慮 自然景観保全
	海と陸と緑のネットワーク事業	●	●	●	●		
	海と緑の健康地域づくり事業	●	●	●	●		
	いきいき・海の子浜づくり事業	●	●	●	●		
1999	魚を育む海岸づくり事業	●			●		
2000	白砂青松の創出事業	●	●	●			

参考：国土交通省関連事業資料

表2 海岸景観の構成要素と整備視点・空間特性

要素		視点		空間特性	
		内部的視点（海浜内部）	外部的視点（海浜外部）	静的空間（日常性）	動的空間（非日常性）
自然的要素	汀線	海面と陸域の境界線（直線/曲線/凹凸）			
	海浜	海に面した浜地形（砂浜/礫浜/磯浜）			
	海岸林	海岸の砂地や岩石地などの林地（防風/防砂機能）			
	岬	丘や山などの先端部が海へ突き出した地形			
	河口部	河川と海の境界領域（汽水域）			
人工的要素	海岸堤防	高潮、波浪防御のための堤防施設			
	護岸	浸食防止施設			
	離岸堤	海岸前面配置（海浜保護）			
	突堤	海浜の砂の流出防止（ヘッドランド）			
	樋門	堤内地の排水施設（樋管/排水機場）			

考慮しながら検討する統合的視点が重要である。

● 海岸景観形成ガイドラインの策定

2003年の第一次小泉純一郎政権下の「美しい国づくり政策大綱」により，分野別の景観形成ガイドラインの策定が行われ，国土交通省と農林水産省の共管により「海岸景観形成ガイドライン」が策定された。このガイドラインは，「防災・利用と調和した海岸の景観形成のあり方に関する検討委員会」の下で検討が行われている。その策定に際しては，良好な海岸景観の形成を図ることを目的として，海岸と生活とのかかわりを見直し，海岸の潜在的な魅力や課題を発見し，地域の価値向上を図るための海岸の整備や取組みの指針を示している。これは，既往の海岸事業では必ずしも景観への配慮が充分でなかったことを考慮し，今後の海岸事業の実施にあたってのこのガイドラインの活用と海岸景観の調和整備がうたわれている。

● 海岸景観の構成要素と整備上の留意点

海岸景観はそれ単体では成立し得ず，「海岸とまち・地域」を連続する対象として捉える視点が重要である。すなわち，海岸を形成する地形や植生，気象，海象等を含む自然環境によって規定される「自然的要素」（写真1）と，人の利用，防災や環境保護の視点から整備される「人工的要素」（写真2）を景観の主要対象として検討着手を行う。具体的には個別の整備ではなく，海浜の内部と外部からの景観検討のための「視点」と，日常的利用と荒天時等の対応を要する「空間特性」を考慮し（表2），さらに対象海岸を含む歴史的経緯や文化をも考慮することが求められる。

写真1 自然的要素

写真2 人工的要素

● 海岸の「静」と「動」

　海と陸の接点となる海岸空間は，開放的で精神的な安らぎに寄与するなどの「静」（**写真3**）の魅力を有する一方，気象条件や海底地震等により高潮や津波となって来襲し，時に人命や財産を奪うなど過酷な「動」（**写真4**）の側面をも有している。そのため，海岸整備にあたっては，静穏時の利用や景観配慮のみにとどまらず，波浪等により海岸が受ける影響や動態を正しく分析・把握し，これらを防災・海岸工学・生態学等の専門分野と，整備に際しての経済合理性や技術合理性を加味した総合的視点から整備を行っていくことが重要である。2011年に発生した東日本大震災以降，津波に対する警戒から強固な護岸整備が主張されたなかで，沿岸における「動」としての災害の記憶を継承し，日常的には「静」の海岸公園として機能させるための新たな環境・防災型堤防の提案なども行われている。

写真3　海岸の「静」景観

写真4　海岸の「動」景観

● 港湾の景観整備

　2003年に策定された海岸景観形成ガイドラインの目的が「海の親水」を主眼に置きながらその対象として自然海岸を主な対象としていたのに対し，港湾物流等の特定目的施設を持つ地域における景観について2005年に策定されたものが「港湾景観形成ガイドライン」である。

　国土交通省が主体となって策定された事業では，これまでウォーターフロント開発関連事業，歴史的港湾環境創造事業，港湾景観形成モデル事業，臨海部再編関連事業などがすでに展開されてきているが，それらにより整備された内容は，港湾内における「個別」の意匠・色彩等の表象的なものとなっていることが指摘できる。また，その取組みも，一部の港湾事業者のみにとどまっているなど，港湾地域全体としての取組みになってきたとは言い難い現状にある。しかし，港湾には，海と接する地理的な場であるだけでなく，物流，交通拠点としての機能，同事業に従事する人の存在，そして後背に位置する「まち」とのつながりという一体的な空間となっていることが特徴として挙げられる。

　景観整備に際しては事前にその構成要素を充分に精査・検討することが重要であるが，港湾の整備の取組みにあたっては，特に「行政」，「住民」，「(港湾)事業者」間の意見調整も同時に求められる。しかし，港湾景観形成の取組みには，長期的かつ一貫性を持つ計画が重要であるため，専門的知識を有し，異なるステークホルダ間の合意を形成していくための「専門家」の存在が重要である。専門家は，単に景観や空間に関する知見の提示にとどまらず，各主体間の議論への積極的な介在，解釈，説明の力が求められる。このことは，専門家の役割が，議論を主導する「コーディネータ」的な存在ではなく，近年，まちづくりの現場でもその存在が注目されている議論活性化を促す「ファシリテータ」的役割を担うことを意味する。

● 港湾施設別の景観誘導方針

　港湾景観形成の基本概念として，港湾を含む沿岸地域はもちろん，港湾において航行する船舶や荷役も含めた一体的な空間をその対象として景観誘導を行うことが求められる。しかし，商業施設である港湾活動の妨げにならないよう，機能上の規模や配置などについては積極的に尊重することが重要である。

　港湾特有の施設（**写真5・6**）を対象に，景観誘導項目別の配慮のポイントを**表3**に示す。特に景観に対する影響が大きい色彩については「マンセル表色系」による色相・明度・彩度により「まとまり」のある景観形成を図る取組みが進められている。このうち，港湾倉庫は建築特性上規模が大きい半面，窓が少ない特徴を持つことから，単調で威圧感を与える場合があるため，近年では壁面の塗り分けやキャラクター描画による装飾が行われている事例も見られる。

　港湾地域の倉庫群には，伝統的な建築様式により建造されたものも多く，またこの倉庫を含む街並み自体も歴史的価値も有している。現在では，こうした倉庫の内部をリノベーションし，商業・観光施設化することで，多くの賑いを生んでいる事例も見られる。しかし，過度，急進的，造作的な港湾景観への取組みは，2005年に開業したものの，リピーター（再訪者）の少なさや建築基準法違反の発覚等により，わずか3年間で経営破綻した名古屋イタリア村（**写真7**）の事例のように，時に貴重な水辺の場を損なうこともある。海岸景観，港湾景観の形成とも，日常との近接性を考慮しながら「造りすぎない水辺を創る」ことが重要である。

［坪井塑太郎］

表3　施設別の景観誘導項目

土地利用区分	施設等	景観誘導項目				
		規模	色彩	配置	高さ	形状
埠頭用地	ガントリークレーン	—	◎	—	—	—
	トランスファークレーン	—	◎	—	—	—
	管理棟	○	◎	○	○	○
	ゲート	○	◎	○	○	○
	メンテナンスショップ	○	◎	○	○	○
	内貿ユニットロード	○	◎	○	○	○
港湾関連用地	倉庫	○	◎	○	○	○
都市施設	廃棄物プラント	○	◎	○	○	○
交通機能用地	換気塔	○	◎	○	○	○
公園緑地	公園施設	○	◎	○	○	○

写真5　コンテナ埠頭とガントリークレーン

写真6　寺田倉庫

写真7　名古屋イタリア村（2006年撮影）

▶ 第1部　親水空間論

河川　親水と水難事故の現状と課題・対策

● 親水と安全

　近年，全国各地の河川において川へのアクセス路や散策路・遊歩道，緩傾斜の護岸の整備により人と川との触れ合いの場を創出する「親水整備」が進められてきている。一方，河川の水難事故の危険性の認識の希薄化が懸念されており，安全性を考慮した親水のあり方の検討が求められている。こうした状況に対し，国土交通省では「恐さを知って川と親しむために」（2000年10月「危険が内在する河川の自然性を踏まえた河川利用および安全確保のあり方に関する研究会」提言）や「急な増水による河川水難事故防止アクションプラン」（2007年6月「河川利用者の安全に関わる検討会」）に基づき急な増水を含めた水難事故の防止に対する取組みが進められてきている。しかし，局地的豪雨が多発している近年の傾向を考慮すると，今後も各地で河川の急な増水による事故の発生が想定される。河川管理者をはじめとする行政および河川利用者は，こうした急な増水による水難事故の可能性を認識したうえで，これまでの双方における取組みを見直すとともに，新たな対応を図っていくことが求められる。

　河川は，遊び学び，活動する場として都市域での貴重なオープンスペースとしても機能している反面，生活の中で川と直接に接する機会が少なくなり，また，治水整備が進み水害・土砂災害が減少したことにより，川に対する畏敬や恐怖心が薄れつつあることも指摘されている。これに対し，「21世紀の社会を展望した今後の河川整備の基本的方向について」（1996年6月河川審議会答申）において，より良い環境づくりや地域の活性化，災害時の活用等の観点から，地域と河川との関係を再構築する必要性が示され，さらに，「川に学ぶ社会をめざして」（1998年6月，河川審議会「川に学ぶ小委員会」報告）に基づき，川と人との関係の再構築を目指した河川環境教育等の施策が推進されてきている。

　今後においても川に学ぶ社会を目指すことは，人々が本質的に環境を理解し，自然と共生する感性や知恵を養うために重要であり，河川に内在するさまざまな危険を認識したうえで，利用上の安全性を考慮したハード・ソフト両面での親水デザインを継続して検討していくことが求められる。

● 水難事故の現状

警察庁統計による直近2011年の統計によれば，水難事故の発生は1 396件であり，このうち水難者数1 656人に対し，死者・行方不明者の総計は795人であったことが公表されている。過去10年間における水難事故による死亡者数は必ずしも大きな減少を示しておらず，また，近年の特徴は，65歳以上の高齢者の割合が増えていることが挙げられる（図1）。

水難死亡者を場所別にみると，海が45.9％と約半数を占めており，次いで河川33.6％，用水路10.6％となっている（表1）。また，行為別では，「魚捕り・釣り」28.4％，「通行中」（16.7％），「水泳中」（10.4％）および「水遊び」（8.9％）であった。こうした水難死亡事故は，近年では本人の想定を超える気象の変化等が要因になって発生しているものも含まれている。

2008年に国土交通省により実施された調査（河川の親水空間に関する緊急実態調査）において，全国の一級および二級河川の95.3％にあたる20 123河川のうち，人と河川との触れ合いの場が整備された親水施設を持つ河川は，2 967河川（14.7％）であり，このうち，過去に急な増水による死亡事故を含む水難事故が発生した河川は25河川（0.1％）であったことが報告されている。

親水施設を持つ河川のうち，急な増水に対し，危険性を周知する啓発看板を設置している河川は523河川（17.6％）であり，今後設置を予定しているものは818河川（27.6％）であった。またパトロール等の巡回警備を実施している河川は158河川（5.3％）にとどまっており，警報装置についても既設・予定とも低い値になっている（表2）。

近年，ゲリラ豪雨とも称される局地的豪雨が多発しており，今後も各地でこれまでにない急な増水が発生する可能性があることを河川利用者，行政等のあらゆる関係者が認識し，対策を進める必要がある。河川利用者においては，河川の利用については自らの安全を自らが守ることが基本であり，河川利用者自身が危険を判断し行動することが必要であることを再認識し，急な増水による水難事故防止に向けて，気象実況や予測等の早めの情報収集，迅速な行動を取ることが重要である。また，地域に住む人々が身近な河川の状況を常日ごろから注視し，河川水難事故防止に関する共通認識を持ち，河川利用者の危険回避を促すような地域力の向上が望まれる。

一方，行政においては，これまでにも増して河川利用者が迅速に自ら判断，避難することが重要になっていることを啓発し，河川利用者の安全意識を高めることが基本である。また，水難事故防止をより確実なものとするために，気象情報や河

表2　河川の啓発看板・巡回警備・警報装置設置状況

	啓発看板設置		巡回警備実施		警報装置設置	
	既設	予定	実施	予定	既設	予定
河川数	523	818	158	139	139	75
（割合）	17.6％	27.6％	5.3％	4.7％	4.7％	2.5％

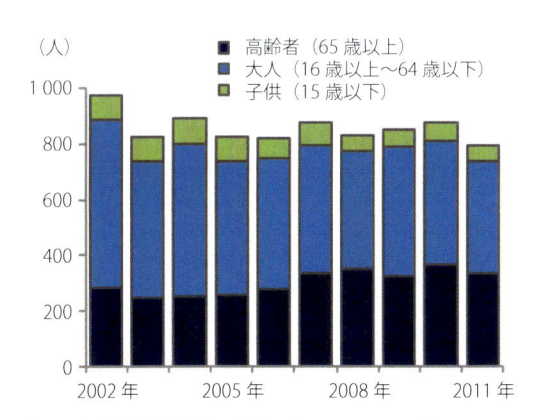

図1　水難死亡者人数の推移（2002～2011年）

表1　場所別の水難死亡者（2011年）

	人数	割合
海	365	45.9％
河川	267	33.6％
用水路	84	10.6％
湖沼等	59	7.4％
プール	7	0.9％
その他	13	1.6％
合計	795	100.0％

注：警察庁統計をもとに作成

川情報を提供するこれまでのPULL型（受け手の意思により入手する情報）の情報提供に加え，急な増水による水難事故が発生した河川やこれまでの水位上昇の傾向から急な増水が起こりやすい河川で，かつ親水施設の整備が行われた箇所において，必要に応じ，河川利用者の判断に必要な情報を提供するための新たな対策を実施する取組みが求められる。

● **平常時の啓発と方法**

　啓発の内容
① 情報収集し自ら判断，避難するための啓発

　河川利用者自らが現地での降雨状況や河川の水位変動だけでなく，上流部での雲の様子を常に注意し，気象情報や河川情報を早めに収集することにより，迅速に自らで判断，避難することが必要であることを啓発する。併せて，河川に関する基礎的な知識，気象情報や河川情報の見方，入手方法，予兆の意味，過去の水難事故の状況や地域伝承などをわかりやすく啓発する。これらについては，できるかぎり映像資料や体験により，感覚として理解できるよう工夫する。
② 危険性のある箇所についての啓発

　現地の河川特性，過去の水難事故から，危険性のある箇所についての認識が広まるようにするとともに，地域伝承が急な増水に対しても有効なものであるかを確認し，改めて啓発する。

　啓発の方法
① リスクコミュニケーション

　河川利用者，行政間等において，河川の危険性に関する情報を共有し，相互理解，意思疎通を図ること（リスクコミュニケーション）を通じ，河川利用者自らの自助意識の向上を目指す。
② キャンペーン期間の設置等

　河川水難事故防止週間の設置や河川水難事故防止に関する標語等の募集など，継続的に広く啓発できる方法を検討する。
③ 学校教育や社会教育等を通じた啓発

　学校教育や社会教育等の中で川の楽しさ，自然の豊かさ等を，体験を通じて教えるとともに，川の特性や危険を察知する感覚を身に付ける啓発を推進する。
④ 河川水難事故防止に関する人材の育成

　川を利用する可能性のある多くの関係者（NPO，教育関係者等）を対象に，水難事故のリスクについて体験的に理解できるよう，河川水難事故防止に関するスキルアップの啓発を推進する。また，河川利用者に安全面での指導をすることができる人材をNPOや教育関係者と協働してより多く育成する。さらに，河川利用者への啓発と併行して，河川管理者等行政職員に対して河川水難事故防止に関する啓発を推進する。

● **河川利用時の情報提供**

　行政は，今日まで河川利用者に向けて実施してきた多様な機関，ツールによる，PULL型の情報提供を引き続き推進すると同時に，河川利用者が，自ら情報を収集し行動することが基本ではあるものの，急な増水による水難事故が発生した河川やこれまでの水位上昇の傾向から急な増水が起こりやすい河川で，かつ親水施設の整備が行われた箇所を河川管理者が選定し，河川利用者の判断に必要な情報を提供するための新たな対策を実施する。
① 情報提供の内容：河川利用者自らの安全確保に必要な情報項目を精査したうえで，関係機関が連携し，気象情報や河川情報を，河川利用者の実態に配慮し，よりわかりやすく提供する。
② 情報提供の方法：河川利用者が危険を回避するための判断材料としての事実情報を次のような方法で提供する
・看板の設置等による事実情報の提供

　避難路などの情報や，過去に発生した事故情報などについて，看板などにより平常時から河川利

用者の目に留まるように提供する。
・河川利用者が多い親水施設等での PUSH 型の情報提供

河川利用者が多い親水施設等では，警報装置等を用いて，気象情報や河川情報について，PUSH型（受け手の意思に関わらず送られてくる情報）の情報提供を実施する。
・レーダ雨量等についての技術的課題の改善

レーダ雨量データ等気象情報や河川情報の提供については，予測精度の向上や提供までの時間短縮等の技術的課題について引き続き改善を図る。

● 避難支援施設，器具の設置

河川利用者自らが，危険を速やかに察知し，避難することを基本としつつ，親水施設の管理者は，河川利用者の避難を支援するための施設，器具の設置を地域と連携しながら検討を進める。なお，検討は，利用時の行動特性等の河川利用者の視点やそれぞれの川の特性，地域の意見をもとに行う。

● 関係機関，地域との連携と流域対策

河川水難事故防止のために関係機関のより強力な協力体制を構築する。
① 管理の協力体制：親水施設の整備後はもとより，計画段階から行政と地域が連携した河川水難事故防止対策の仕組みづくりを推進する。
② 安全点検：河川管理者および施設管理者は，急な増水による水難事故を防止するという視点でのチェックを新たに定期的に行う。
③ 情報の共有：過去の水難事故情報や防止に向けた知識を関係機関間で共有し，発信していく。
④ NPO，企業等との連携：行政からだけでなく，NPO，学校，企業等と連携し，地域で水難事故防止に向けた認識を高めていく。
⑤ 流域対策：流域での雨水貯留施設等は，治水対策だけでなく，河川の急な増水の軽減にも

写真1 水防ワークショップの様子（東京都葛飾区）

役立つと期待される。このため，引き続き，流域対策を積極的に実施する。

河川における親水性と安全利用の共立のためには，行政が情報提供等を推進したとしても，受け手側である河川利用者の水難事故の危険性に対する認識や情報に関するリテラシーが伴わなければ，水難事故の防止につながらないこととなるが，一方で多くの情報提供がかえって河川利用者の自らの安全を自らが守るという基本意識を薄れさせることも懸念される。行政において今後も継続的な取組みを行うことが重要であるが，一方，地域と河川との関係が希薄になっている社会の中で，河川に内在するさまざまな危険に対して河川利用者が自発的に自助意識を持つ（内発的な自助意識）ための社会的取組みをどのように進めるかが，今後の大きな課題である。以上のような課題認識のもとに，行政等においては，引き続き急な増水による水難事故についての分析を行うことにより，急な増水現象の調査・研究を通じて再発防止のための知見を蓄積し，また，全国の対策の実施状況および各地における実施内容・方法が適切かフォローアップを行うとともに，啓発活動がどの程度浸透したか等を把握するため，情報サイトへのアクセス，河川水難事故防止に関する講座の受講者数などの指標により，施策の効果を測定していくことが，重要な課題であると考えられる。

［坪井塑太郎］

湖沼　水面利用と管理

● 湖と沼の定義と利用

　湖沼の定義には「四方を陸地に囲まれ，海とは離れて静止した水塊」や「陸上の湛水域」とするものがあるが，湖と沼の名称には明確な区別は存在しない。しかし，生態学の観点においては，沿岸植物が侵入しないだけの深度を持つものは「湖」と称され，その深度は5m以上が目安とされている。一方，湖は成因別に5種類に分類され（**表1**），わが国では最大面積を持つ琵琶湖を筆頭に，淡水・汽水の数多くの湖が存在する（**表2**）。「沼」は，沈水植物が繁茂する場を指すほか，挺水植物が生育するより浅い場については「沼沢（しょうたく）」として区別されることもある。また，「池」は湖や沼よりも小さく，人工的に掘られたものやせき止めてできたものとして定義される。これらは，主として植生分布により分類されているが，実際の名称については混在して用いられているものが多い。

　これら湖沼やため池，ダム湖などは，自然由来のほかに，人為的に形成された湛水面を持ち，ここにためられた水は，農業，工業，飲用としても利用されてきた。また，古くから湖面を利用した水上交通や内水面漁業の場としても利用されており，現在でも湖沼特有の漁法として，琵琶湖（滋賀県）における「おいさで漁」や，湖山池（鳥取県）の「石釜漁」などの伝統が継承されている。一方，湖沼は，その形態上，閉鎖水域であるという特徴を持つことから，都市化段階においては，周辺地域からの排水の流入やヘドロの堆積等により富栄養化が進行するなど，水質汚濁が深刻化した経緯を持つものが多い。しかし，大規模な湖は，著名な観光地としても知られているものが多く，湖沼周辺においてリゾート開発が行われるなど地

表1　成因別の湖の分類

種類	概要
構造湖	地殻の断層運動や褶曲運動により形成された湖
カルデラ湖	火山活動により地盤が陥没して形成された湖
火口湖	火山火口に湛水して形成された湖
堰止湖	土石流，溶岩流，土砂堆積等により形成された湖
海跡湖	砂州や砂丘により湾内に封じ込められて形成された湖

表2　日本における湖（自然湖）面積上位一覧

	名称	所在地	面積(km²)	成因 構造湖	成因 カルデラ湖	成因 海跡湖	水質
1	琵琶湖	滋賀県	670.3	●			淡水
2	霞ヶ浦	茨城県	167.6			●	淡水
3	サロマ湖	北海道	151.8			●	汽水
4	猪苗代湖	福島県	103.3	●			淡水
5	中海	鳥取県	86.2			●	汽水
6	屈斜路湖	北海道	79.6		●		淡水
7	宍道湖	島根県	79.1			●	汽水
8	支笏湖	北海道	78.4		●		淡水
9	洞爺湖	北海道	70.7		●		淡水
10	浜名湖	静岡県	65.0			●	汽水

域の観光資源として機能しているものもある。

● ラムサール条約と湖沼の環境保全

　湿地・湿原の生態系保全に関する国際条約として知られるラムサール条約は，1971年に制定され，わが国も1980年に加盟し，北海道の「釧路湿原」が登録・指定されて以降，現在までに37か所が登録されている（**写真1・2**）。ラムサール条約で定義されている湿地（Wetland）とは，人工・自然および汽水・淡水・海水を問わず，総じて低潮時に水深が6mを超えない海域を含む場所を指している。ラムサール条約はその対象となる湿地に対し，保全だけでなく，広くその賢明な利用＝ワイズユース（Wise Use）も目的としている。これは，湿地は，人間生活の身近に存在するものであり，人間の生活環境や社会活動と深いかかわりを持っていることから，ラムサール条約では，人間の行為を厳しく規制して湿地を守っていくのではなく，湿地生態系の機能や湿地から得られる恵みを維持しながら，人間の暮らしと心がより豊かになるように湿地を活用する「ワイズユース」を進めることが提唱されている。このことから，「ワイズユース」とは，健康で心豊かな暮らしや産業などの社会経済活動とのバランスが取れた湿地の保全を推進し，子孫に湿地の恵みを受け継いでいくための重要な考え方であるといえる。また，

写真2　濤沸湖に飛来した白鳥

そのための手段として，交流・学習・参加・普及啓発（Communication, Education, Participation and Awareness = CEPA）を重視していることが特徴となっている。

● 都市地域における湖沼の機能

　水の存在場所として，都市内部においても湖沼があり，それらは古くは都市住民の飲料水源としても利用されてきた。東京都西部に位置する石神井池（三法寺池）（**写真3**），井の頭池，善福寺池は武蔵の三大湧水池として知られ，このうち井の頭池は神田川の水源の一つにもなっている。

　しかし，周辺地域の人口増加や上水道の普及等により，1960年代にはその多くは深刻な汚濁に陥り，従前までの飲用としての機能を終えたが，

写真1　北海道濤沸湖（ラムサール条約登録湿地認定）

写真3　石神井池（東京都練馬区）

写真4　ボート遊び（東京都杉並区・善福寺池）

以後，行政をはじめ周辺住民の参画により水質改善が図られ，現在ではボート遊び（**写真4**）や湖畔での芸術活動など，都市内部での身近な観光・遊興の場として機能している。

しかし，現在これらの都市内湖沼の多くは，周辺地域の土地利用改変の進行により，湧水量が激減し，下水処理水を導入するなどにより水量を保持しているのが現状である。また，停滞水域であることから富栄養化の進行によりたびたび水質の悪化による異臭が発生し，周辺住宅地への悪影響も生じている。そのため，主に夏季において曝気装置を導入する取組み等が行われている。

都市地域における湖沼は，上述のように市内観光としても機能する一方，一定の水面積と周辺緑地を持つことから，ヒートアイランドの抑制効果も期待されている。また，公園地となっているため，大規模災害発生時における避難場所としての役割も有している。また，生態系の面に着目してみると，外来種である動植物が侵入することで湖沼内の生態系が急速に変化する事例や，また，有毒・危険動物（ヘビ・カミツキガメなど）がしばしば，来訪者に危険を及ぼしかねない状況が生じている。

これらについては，飼い主のマナーとして充分留意されるべき点であるが，生態系にとって大きな損害を生じていることも事実である。

● 農業用水の水源としての湖沼

瀬戸内海地域などの降雨量の少ない地域においては「ため池」の造成により農業灌漑をする取組みが古くから行われてきたことが知られている。これらは人工的な湖沼であり，また農業用水の配分という特殊な要件を持っていることから，ため池の共同管理体制や水利権については，古くから厳重な取り決めが行われてきた。現在においてもそれらは継承されているものも多いが，一方で，農業用地の転用等により離農が進むと，徐々にその維持が困難になり，また，都市住民との共存という課題が生じたことから，それまでは受益農業者のみが利用することを許可されていたため池をレジャー用として，釣りやボート練習等に開放をしている事例も見られる。

東京都葛飾区と埼玉県三郷市の境界に位置する水元公園は，元来，**図1**に示すとおり，東京都東部地域（南葛飾郡）の農業用水の水源地（小合溜井）であった。低平な地形を通水する同用水路

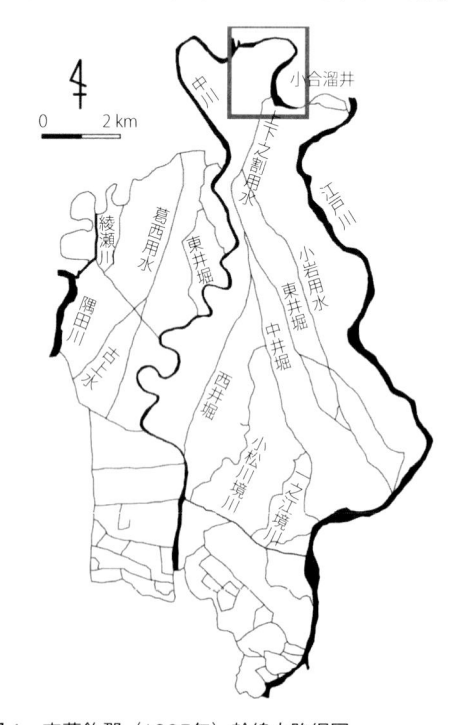

図1　南葛飾郡（1905年）幹線水路網図
　　　枠内：現・水元公園（旧小合溜井）

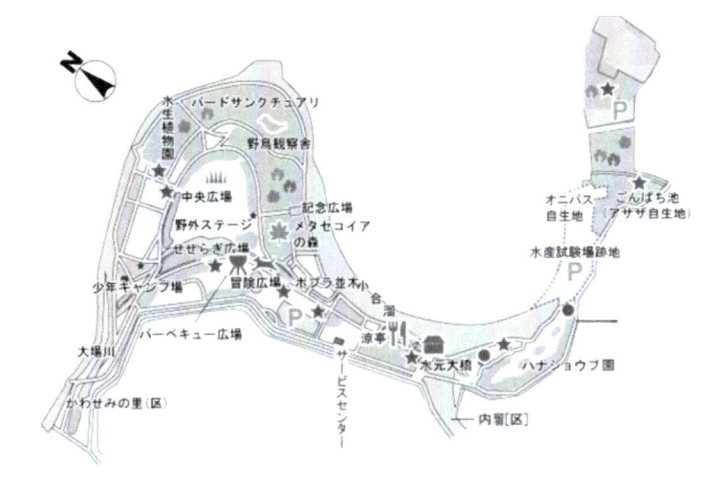

図2 都立水元公園の園内図

写真5 都立水元公園

の維持管理は，各地域の農業団体が管轄し，水質の維持が図られた。しかし，流域の離農が進み，各農業用水路がその機能を停止した1960年代には小合溜井も水源としての役割を終え，1965年に都立水元公園（**図2・写真5**）として整備・開園した。

現在，環境保全の観点から湖沼の水上の直接利用はできないものの，園内にはさまざまなレクリエーション施設が整備され，貴重な動植物のサンクチュアリとして機能している。

● 湖沼の管理と親水利用

ラムサール条約により生態環境保全（主として水鳥が対象）が行われている湖沼がある一方，旧来の農業用ため池などは，現在，都市住民の憩いの場としてその空間が提供されているものも見られる。両者においては，厳密な管理・保全のための目的は異なるものの，共通して「ワイズユース」により，適正な管理を維持していくことが重要であると考えられる。すなわち，人の立ち入りを禁止するのではなく，環境影響負荷の少ない観光や利用を行うことで得られる収益をもとに，保全のための資金とするシステムの導入が重要である。しかしながら，具体的な観光のスタイルや負荷量等については，今後も検証の課題が残されており，充分な考慮を持ってワイズユースに取り組んでいくことが求められる。

[坪井塑太郎]

《参考文献》
1) 菊地英弘：ラムサール条約の締結及び国内実施の政策決定過程に関する一考察，地球環境研究，長崎大学環境教育研究マネジメントセンター年報5，2013，pp.59-71
2) 浅野敏久・光武昌作：ラムサール条約湿地「蕪栗沼及び周辺水田」の保全と活用，広島大学総合博物館研究報告4，2012，pp.1-11
3) 内田和子：ため池—その多面的機能と活用，農林統計協会，2008
4) 内田和子：日本のため池—防災と環境保全，海青社，2003

掘割・運河　歴史遺産の継承と活用

● 歴史遺構としての水辺の歴史的経緯

　地域における水の存在は，河川や湖沼，海等の自然地理由来によるもののほかに，主に江戸期において築城された城郭の周囲を取り巻く濠や，船による物流路の整備を目的として新たに開削された掘割・運河など人工的に整備されたものがある。これらの多くにおいては，古くは活発な舟運が見られ，浮世絵等にも当時の隆盛が伝えられているが（**写真1**），近年にかけては交通システムの変遷等により徐々にその機能を喪失したほか（**写真2**），第二次世界大戦からの戦災復興期においてはガレキ廃棄の場とされるなど多くの埋立てが進められたことが知られている。掘割・運河を流れる水は，農業や工業などの生産を目的として通水されていないため，利権者の調整が少なく，都市化の段階においてはそれらが排水路や埋立て用地とすることが容易であったことが指摘できる。しかし，現在も残されているこれらの水辺は，都市内部における貴重な水辺の空間であり，その利用価値や存在価値は，環境や防災の両側面において貴重な存在になっている。

写真1　日本橋の景観（江戸期）

写真2　日本橋の景観（現在）

● 水辺の空間利用

　掘割や運河は，人工構造物ゆえの特徴的な形状を持つ。すなわち，城郭における濠の場合，その多くは城を取り囲むように円形に形成され，掘割・運河においては，工法上および物流上，直線的に形成されている。前者の濠においては，東京都の場合，1964年の東京オリンピックを契機に首都高速道路の用地として，利権者との調整が不要であったことと，環状道路の形状に整合したため，同空間に橋脚を立て，高架道路が建設された。2000年代初頭において，日本橋川に架かる高架を撤去する議論も台頭したが，一方でこの高架下が全天候型の水辺のレクリエーション空間としても機能することから，ボート体験や，観光船（**写真3**）による遊覧運航が行われている。

　また，現在の皇居（旧江戸城）の周囲の濠は，1周約5kmになっていることから，近年ランニングコースとして注目が集まり「皇居ラン」（**写真4・図1**）の呼称でも広く知られるようになっている。これは，水の直接的利用ではないものの，都市中心部において自然を体感しながらスポーツを行うことのできる空間であるという点において，多くのランナーを集める要因にもなっている。

　本地は，健康増進の場として機能する一方，ランナーの増加により，歩行者や自転車，自動車との交錯が急増し，2013年には利用ルール・マナー

図1　皇居ランのコース（1周＝5km）

写真4　皇居ラン

の策定が行われている。

　ところで，掘割や運河周辺には，伝統的な倉庫建築があり，過去には物流機能の変容から管理や利用が衰退した時期も見られたが，改めて運河や倉庫建築に着目した観光への取組みが行われ，多くの観光客を集めている小樽市（**写真5**）や横浜市（**写真6**）などの事例も見られる。

● 海外における掘割・運河の再生利用

　諸外国においても掘割や運河は，わが国と同様，高架道路用の橋脚の敷地として利用される事例が多くあるが，水辺の再生を旗印に，高架高速道路を撤去した大規模再開発の事例として，米国ボストン市における「BIG DIG」のほか，韓国ソウル

写真3　東京・日本橋川の観光船

写真5　北海道小樽市・小樽運河

写真6　神奈川県横浜市・赤れんが倉庫

市の「清渓川」が挙げられる。前者のプロジェクトは，1950年代に建設された高架高速道路を地下化することで人や文化，商業等の域内のアクセスを向上させることを目的として取り組まれた事業であり，1991年に着工し，2006年に工区全線の工事が完了した。後者は，1970年代に建設された高速道路を2003年より撤去し，従前まで覆蓋されていた河道・河川を復元して2005年に竣工した世界初の事例として知られる。

清渓川の整備事業は，河川の復元による都市環境改善と同時に，ソウル市内の地域間格差是正を目的とした都市計画に基づき，総延長5.84 kmの工区整備が行われたものである。

都市の水辺においては自然そのままの河川を復元することは必ずしも現実的ではなく，また多くの人が来訪する都市での利用に適した水質管理（環境視点）や，洪水災害対策（防災視点）の双方を的確に担保することが重要であると考えられる。

● 韓国ソウル特別市・清渓川の再生事業

ソウル中心部を流れる清渓川は元来，洪水対策を目的に人工的に開削された「掘割」であり，以後，ソウル市民の生活の場として機能した。

2005年に，2年3か月の歳月をかけて整備された清渓川は，その整備計画において，上流部を「歴史」，中流部を「文化」，下流部を「自然」としてゾーニングされ，周辺地域との一体的なまちづくりが進められている。

河道内に着目してみると，上流部の左岸壁面には，18世紀末の朝鮮王朝の隊列を描画した「正祖班次図」が壁画として展示されているほか，15世紀の清渓川の水位測定地点であった「水標橋」などの歴史復元をテーマとする造形物が見られる。また，中流部の五間水橋周辺は東大門市場が立地し，同橋の上流にあたる区間には水上ステージと噴水が設置され，夏季には毎週末において水上ファッションショーが開催されている。下流部ではかつての高架高速道路の橋脚をモニュメントとして保存展示しているほか，右岸に壁面噴水，左岸に市民参加により作成された壁画（希望の壁）が設置されている。

清渓川を流れる水に着目してみると，全区間において水深30〜40 cmの通水が行われており，

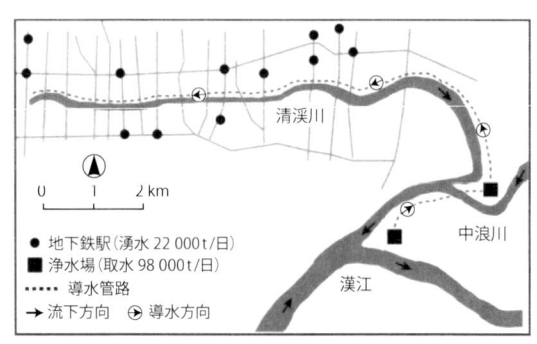

図2　清渓川における通水路線

これには120 000 m³/日の水量を要する。しかし，水源を有しない本河川ではこの確保のために，**図2**に示すように，下流部に位置する漢江から河川水をポンプアップし，浄水場において浄化した後，導水管により清渓川上流部に逆送させて98 000 m³/日が通水されているほか，地下鉄からの湧水22 000 m³/日を合わせた水量の確保が行われている。

清渓川の維持費用としては，年間で電気代（6億ウォン），人件費（5億ウォン），その他付帯費用（3億ウォン）など約14億ウォンが支出されているが，完成後にはソウル市全体に年間23兆ウォンの経済効果がもたらされたことが報道されている。

復元後の清渓川には年間約1 200万人が来訪するなど，現在ではソウル市の主要な観光地としても機能しているが，2011年8月に調査を行った時間帯別にみた河道内の滞留者人数の推移をみると，平日よりも休日のほうが約2倍の人数が来訪している様子がわかると同時に，平日，休日とも17：00以降の時間帯においても滞留者数が多いことが特徴となっている（**図3・4**）。これは，河道内で開催される各種のイベントのほか，壁面に敷設された照明等により，夜間でも安全に歩行が可能であり，夕涼みの場としても利用されている

写真7 清渓川の夜間の景観

ことがその背景にある。

清渓川は，都市内自然の景観や夜間歩行に配慮した整備（**写真7**）が行われている一方，その断面構造の特徴は，両岸に設置されたボックスカルバートの上部に自動車道路および歩道が設置され，内部および下部に下水管路や維持用水の通水のための導水管路が埋設されている。本河川の通水は自然流下方式が採られているため，高水敷と天端の高低差は下流に行くに従って大きくなっているが，復元工事において従来の河床面よりも深く掘削され，洪水災害に備えた最大200年頻度の洪水量（118 mm／時降雨）に耐えられるよう河道断面が設計されていることが特徴となっている。

● 掘割・運河整備のあり方

人工的整備に由来する掘割や運河は，その整備において，歴史の継承と同時に，観光資源として活用されることが特徴となっている。そのため，建築・構造物の外観を維持しながら，内部空間を更新する技術的な対応や，安全面にも配慮した空間計画が重要である。

［坪井塑太郎］

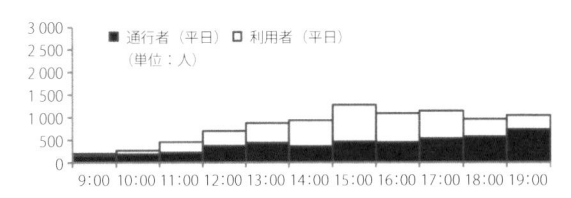

図3 平日における時間別・清渓川内人数の推移

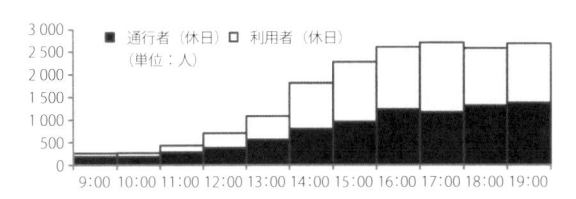

図4 休日における時間別・清渓川内人数の推移

用 水　農業用水の環境利用と環境水利権

● 都市化と農業用水路

　都市化地域における河川・水路の利用や管理を巡る農業水利秩序に関する研究は，農業地理学を中心に，これまで多くの研究が蓄積されてきた。その中では，用水汚濁や農業用水合理化事業に対する農業用水施設の対応，維持管理主体（水管理組織）側の経営問題が論じられてきた。

　農業側の都市化への対応事例の研究として，資源としての水の有効利用や再配分の必要性が指摘されているほか，土地改良区施設の水路敷を自然環境保全・整備事業として緑道利用とする整備手法が論じられている。また，農業側の技術的対応として，灌漑用水のパイプライン化による水管理の効率化の事例もある一方，支線水路を管理してきた中小規模の土地改良区が，離農者の増加による経営困難を理由に，幹線水路を管理する大規模土地改良区に吸収合併され，従来から継続してきた水利の管理機能の崩壊が進んだ事例も数多く見られる。また，土地改良区による農業用排水に関わる水管理機能が，生活排水受け入れという新たな現象により変化が生じており，農業用排水路を灌漑用水として利用する農家と，排水下水路として利用する都市住民・工場・事業所とが混在する形となり，その結果，土地改良区の機能には旧来の利水機能に加えて，新たに都市下水の受け入れという「公益的機能」を担うようになったことが特徴となっている。しかし，近年問題となっているのは，都市化・混住化の結果，従来の土地改良区の性格が変容し，また経営継続の困難を理由に解散を余儀なくされるものが増加するなかで，水管理組織が崩壊した後の農業用水路に対する環境的寄与という「新たな公益的機能」の枠組みの検討や提示が充分に行われてきていないことにある。

　近年の研究では，農業用水の非農業的利用に対して，積極的な評価を試みる研究が見られるようになってきており，農業用水の灌漑目的のほかに，地下水涵養や人々の交流の場としての機能を挙げ，農業側の都市への柔軟な対応の必要性が指摘されている。また，環境および防災面での農業用水路の利用可能性についても再評価されるようになってきている。農業用水路が都市計画の中に位置づけられることにより，環境面での都市側への寄与により，都市と農村の共存可能性を模索する動きもではじめている。これらは，灌漑機能が

減少するなかで，農業用水の有効活用として位置づけることができ，水とその周辺地域を含む「水辺」の概念から問題を把握する重要性を指摘したものとみなすことができる。しかし，これまでは灌漑機能を喪失した農業用水路に対する新たな水利用の展開については言及されておらず，その環境的水利用に関しては必要性の提言にとどまってきた。

今日では，水を有する場がゆとりの空間として広く認知されるようになってきており，すでに灌漑機能を喪失した農業用水路についても，新たな取組みが求められている。今後，それらを地域における環境的水利用の概念の枠組みの中に位置づけていくためには，河川・水路環境の動的な変化を把握することが重要である。広域的かつ公的機能を持つ河川・水路を，生産手段としての「農業施設」としてだけでなく，水辺整備により都市環境構成要素としての「親水施設」として都市に寄与するための水のあり方が求められている。

● **環境用水の特質**

近年，注目されるようになってきた環境用水とは，環境省における環境用水許可基準において，「水質，親水空間，修景等生活環境または自然環境の維持，改善を図ることを目的とした用水」として定義されている。本用水は，農業用水や工業用水などの特定目的により使用・消費される水とは異なり，取水から排水にかけて全量還元型である点において既存の利水体系にはない特徴を持つ。そのため，従来は必ずしも他の水利権を侵害することなく，また特別に意識されることなく利用されてきたものが多いことが指摘できる。しかし，上述のように都市化により弱体化した農業地域における農業用水の余剰や，都市景観のために通水する下水処理水などが登場し，「親水」の場として人が水に触れる場とするために，これを「環境用水」として明確に位置づける必要が生じてきた。

● **環境用水の水利権取得**

環境用水の水利権を取得するにあたっては，事前調査，必要水量の検討，水源状況の確認，実施・管理体制の検討，施設の使用に係る手続きや水利使用許可の申請等が必要となる（**図1**）。本申請には，自治体や農業用水管理団体のみではなく，NPO団体においても水利権の管理主体となることができることが特徴となっている。

また環境用水の水利権は，許可期間が原則3年間を上限とし，更新条項も付されないことから，環境用水の通水にあたっては，施設を借用する他目的使用（土地改良法施行令第59条（他目的への使用等））が一般的である。事前の調査に際しては，環境用水の水利権を取得するにあたって，基本的に次の事項を実施することが求められている。

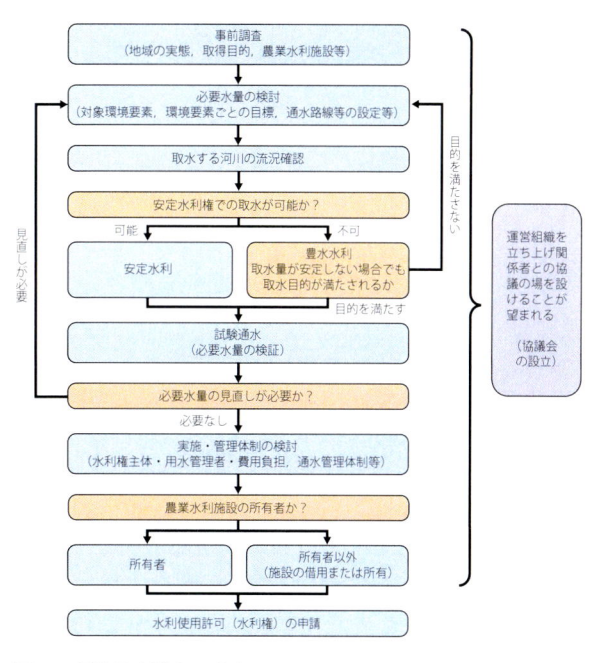

図1 環境用水導入の仕組み

① 環境に関する地域の実態把握

環境用水を必要とする地域の実態を把握する。例えば水路の水質浄化の要望であれば汚濁の原因究明や被害程度，被害時期，被害範囲等を把握し，生態系保全であれば対象とする種の特定や周辺の状況を把握し，環境用水の必要性の背景を整理する。

② ニーズや課題の整理（取得目的の明確化）

地域のニーズがどこにあり，対象者は誰かを明確にし，環境用水の取得目的を明らかにすることが重要である。そのためには，その地域の抱える問題点やニーズの妥当性（例えば水質汚濁の原因と除去方法，生態系保全の対象種とその方法はその場所でなければいけないのかなど）を整理する。

③ 地域の既得水利権の整理

環境用水の取水は，既得水利権に影響を及ぼさないよう取水する必要があることから，河川の水利台帳等をもとに既得水利権を把握し，整理する。

④ 地域の農業水利施設の整理

農業用水利施設を利用して環境用水を通水しようとする場合，以下の4者に関する事項を把握し，整理する。

・農業水利施設の所有者
・農業水利施設の管理者
・農業水利施設の土地所有者
・農業水利施設の維持管理費負担者

特に，上記関係者が異なる場合には，権利関係で問題が生じることがないように事前に調整しておくことが必要である。

● 環境用水取水の留意点

取水予定地点の河川流量の調査やデータを確認し，環境用水の取水が可能かどうか確認する。

① 計画基準年

計画時点の至近年の河川の渇水流量をもとに，原則として10年に1回程度の渇水年を設定し，この年を計画基準年とする。計画基準年の渇水流量を基準渇水流量といい，この流量をもとに，環境用水が安定的に取水できるか検討する（渇水流量とは年間を通じて355日間は流れている流量）。

環境用水の計画基準年は，灌漑の基準年と必ずしも一致する必要はないものの，基準年の選定については河川管理者への確認が必要となる。

② 河川維持流量

河川維持流量が定められている河川では，その流量をもとに，取水予定地点の河川維持流量を算定する。河川維持流量が定められていない河川では，河川管理者と協議し取水予定地点の河川維持流量を設定する。

河川流量から正常流量を控除した残余で，環境用水取水量が確保できるか確認したうえで，確保の可否により水利権を以下のように区分する。

・安定水利権

基準渇水流量から正常流量を控除し，残余の範囲内で取水できる場合に付与される水利権。

・豊水水利権

基準渇水流量の範囲を超えて取水しようとする場合，河川流量が豊富なときに限って取水が許可される水利権。

水利権の許可申請を行う前に，環境用水の本格取水に向け，関係機関の役割分担を明確にする。

さらに，取水開始前には環境用水の通水管理体制を確立しておく必要がある。環境用水の水利権の許可申請を行う者は，当該環境用水の受益者を代表する者であることが望ましく，当該環境用水の効果が幅広く住民に寄与する場合には，市町村等の地方公共団体が適当と考えられるが，一定の要件を満たせば土地改良区等も水利権を取得することが可能である。

● 環境用水の水利権主体の実施事項

環境用水の維持管理として，環境用水の取水報告や導水効果の評価等（モニタリングの実施）ほか，環境用水に関する手続きとして環境用水を通

水する施設の財産上，管理上の手続きの整理を行う必要がある。また水利権の許可申請手続きとして水利権の許可申請に必要な申請書および申請図書の作成を行うほか，環境用水の水利権の許可期限は原則3年間を上限とされているため，継続する場合は新たな申請が必要であり，効果の検証等再申請のための資料整理が求められる。環境用水通水に係る経費の確保については，関係者で経費を分担する場合は，それぞれの負担額の算定と納入方法の策定方法として水利権の許可申請を行う前に，環境用水の本格取水に向け，関係機関の役割分担を明確にする必要がある。さらに，取水開始前には環境用水の通水管理体制を確立しておく必要がある。

環境用水の水利権主体は，環境用水の受益者，施設の維持管理方法，費用負担方法等を整理し，地域の中で最も適切な者を決定する。環境用水の水利権主体者と環境用水の管理者が異なる場合は，受委託契約等を行って管理に係る費用負担や事故発生時の対応等の取り決めを行う。

土地改良区営で造成した土地改良施設を別の環境用水の水利権主体が管理することは土地改良法第57条（施設の管理）によりできないため，土地改良区営で造成した土地改良施設は，自ら管理しなければならないものの，土地改良施設の管理者が環境用水の通水に係る操作運転業務を中心とした業務を環境用水の水利権主体から受託して行うことが本法では可能となっている。

● 農業用水の環境用水利用と留意点

農業用水路は，原則として構造物としての性格から河川とは異なる形状をしているため，「正常流量の手引き（案）」（国土交通省河川局，2007年9月版）における「動植物の生息地又は生育地の状況」の検討内容は河川環境を対象としたものであり，一般的に水路には当てはまらないものである。そのため農業用水における環境用水としての使用においては，注意を要する。すなわち，『国土交通省河川砂防技術基準 同解説（計画編）』では，「動植物の生息・生育地の状況」の項目で「動植物の生息・生育地の状況からの必要流量は，河川における動植物の生息・生育環境を維持できる流量を保つことが目的である。河川においては流量の変動の下に動植物にとっての多様な生息・生育環境が形成されており，自然の渇水もこの変動の要素であるが，大規模な取水による流量の減少は動植物の生息・生育環境を著しく悪化させる。特に，動植物の生息・生育環境が流量の減少によって大きく変わると考えられる瀬やワンド等において，生息・生育条件を保つことができる一定以上の流量を確保する必要がある。」と記載されている。景観配慮については，「農業農村整備事業における景観配慮の手引き」（2007年6月，社団法人農業土木学会）等を参考として検討を行う。また，『国土交通省河川砂防技術基準 同解説（計画編）』には，景観の項目で「景観からの必要流量は，視覚的な満足感を得られるような流量を保つことが目的である。」と記載されているが，景観・修景のための必要水量は定量的に定めることが難しいため，通水量を変えて試験通水を行うとともに，地域住民へのアンケート調査等により決定する手法が考えられる。特に農業用水施設を親水施設（親水公園）として利用する際の景観・修景のための用水のうち，親水のための用水は，レクリエーション用水等に利用できる流量を標準とする。例えば，子供たちの遊ぶせせらぎ水路では，水深が0.2 m程度，流速は0.3 m/s程度として設定するなどの配慮が求められる。

［坪井塑太郎］

《参考文献》
秋山道雄・澤井健二・三野徹　編著：環境用水—その成立条件と持続可能性，技報堂出版，2012

サントリーニ島の断崖テラス（ギリシャ）

　サントリーニ島（Santorini，別名ティーラ島）は，エーゲ海のキクラデス諸島南部（北緯36度東経25度，ギリシャ本土から東南へ約200 km）に位置するギリシャ国の火山島であり，本島を含めた5つの島々の総称でもある。人口は約1万3千人，面積73 km²の小さな島で，また，ワインの産地としても知られている。これらの群島は，かつて一つの大きな島であったが，紀元前1628年ごろ，海底火山の爆発的噴火によってカルデラ（火山の活動によってできた大きな凹地）が形成され，現在の形になったといわれている。

　この島には，フィラやイアをはじめとする20以上の集落が点在している。この島の最も大きな町はフィラで，島東側中央の断崖（海抜約250 m）の頂部にあたりに，断崖をくりぬいてつくられた白壁の住居が湾を望むように密集した独特な景観を形成しており，人気の観光地にもなっている。

　断崖の下にある港から長いつづら折の坂道をロバに乗って登ると，フィラにたどり着く。この集落の道は，斜面沿いに町を貫く2本の道と，それらをつなぐ縦の道で構成されているが，縦の道は雛壇上のテラスや住居の屋根をつないだもので，空間構成は複雑である。

　住居は，サントリーニ産のセメントによってつくられたヴォールト屋根が伝統的な建築形態であった。しかし，1956年の地震で多くの住居が壊れ，その後建物は再建されたが，住民たちは新市街地へ移住した。そして，断崖の住居は観光客向けのショップやレストラン，民宿などに姿を変え，建物の屋根も陸屋根に変わった。その後も，観光客向けの民宿は増殖し続け，建物の増改築も行われている。かつては白一色に塗られていた壁も，今は黄色やベージュ色なども見られるようになり，今も変容を続けている。

　ところで，この集落の魅力は，断崖に建物が密集する特異な景観だけでなく，夕日の美しさがあげられる。夕日が沈む時刻になると，集落の人々は，湾にせり出したテラスに集まり，ワインやビールを片手に，夕日が沈む瞬間を待つ。そして，夕日が沈んだとき，一斉に歓声をあげ，断崖につくられた雛壇上のテラスは，まるで劇場のようになる。何かの記念日や見せ物ではない。一瞬ではあるが，集落の人々や観光客との一体感をつくりだす，集落独特の文化が育まれているのである。まさに，人々が日常的に自然の美しさに触れ，感動することができる，断崖の親水テラスといえよう。現代の人々にとって，断崖は不便で危険な土地であるかもしれないが，その特異な環境がこの集落の魅力を生み出しているのである。

［市川尚紀］

《参考文献》
1) 畑聰一：エーゲ海・キクラデスの光と影 ミコノス・サントリーニの住まいと暮らし，建築資料研究社，1990

断崖絶壁につくられたフィラの街並み　　エーゲ海に向かってせり出す断崖テラス

第2部
親水事例編

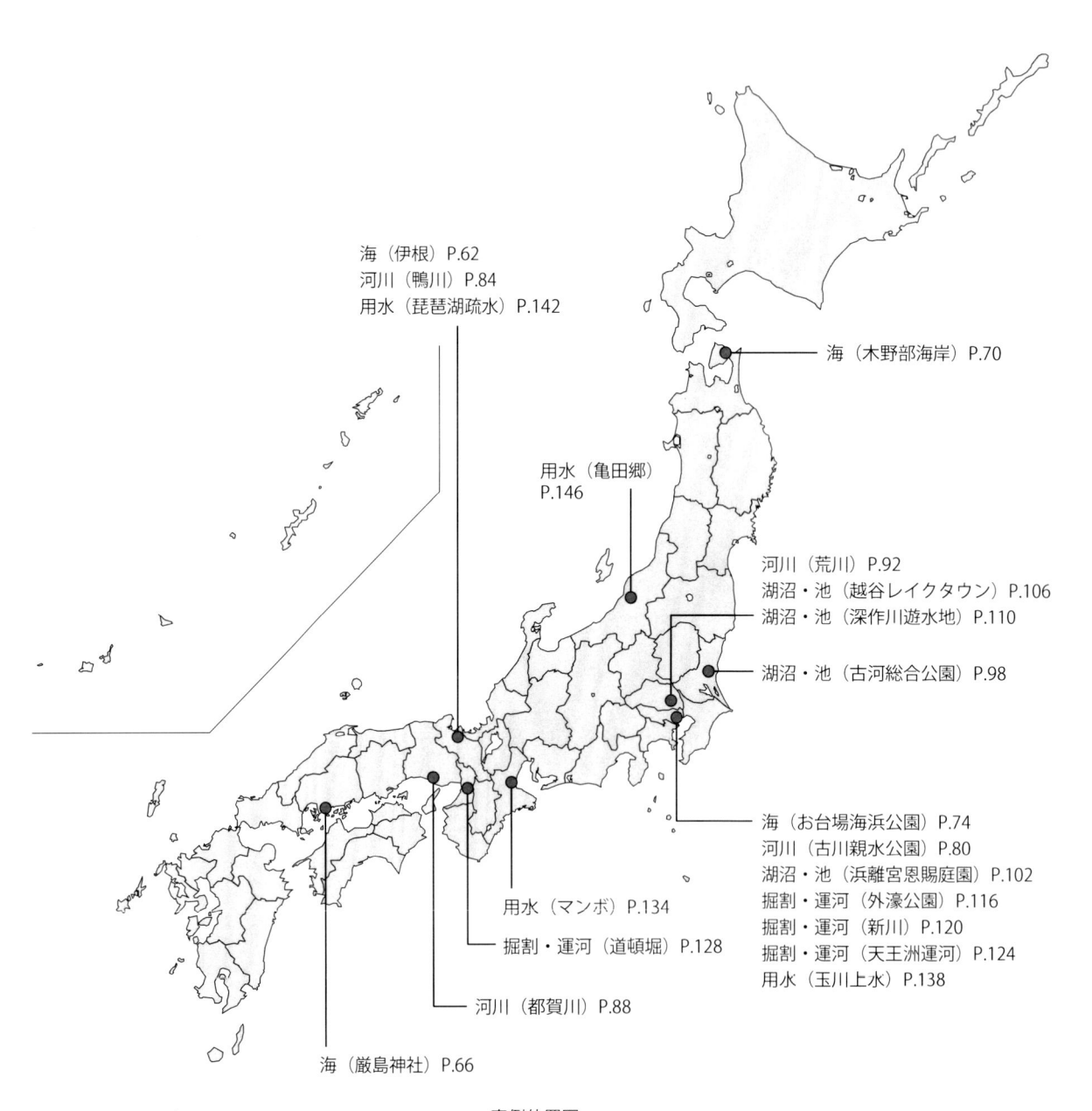

海（伊根）P.62
河川（鴨川）P.84
用水（琵琶湖疏水）P.142

海（木野部海岸）P.70

用水（亀田郷）P.146

河川（荒川）P.92
湖沼・池（越谷レイクタウン）P.106
湖沼・池（深作川遊水地）P.110
湖沼・池（古河総合公園）P.98

海（お台場海浜公園）P.74
河川（古川親水公園）P.80
湖沼・池（浜離宮恩賜庭園）P.102
掘割・運河（外濠公園）P.116
掘割・運河（新川）P.120
掘割・運河（天王洲運河）P.124
用水（玉川上水）P.138

用水（マンボ）P.134

掘割・運河（道頓堀）P.128

河川（都賀川）P.88

海（厳島神社）P.66

事例位置図

第 **1** 章
海の親水

▶ 第2部　親水事例編

伊根（京都府）の舟屋　地勢対応と水辺の継承

● 伊根地区の概要

　京都府与謝郡伊根町は，京都府北部，丹後半島の最北端に位置する，面積62 km²・世帯数975・人口2 560人（2011年現在）の小さな集落である。この日本海・若狭湾を囲む伊根浦地区に，切妻の外観を海に向け，約5 kmにわたって舟屋が建ち並ぶ景観は圧巻である。これが「伊根の舟屋」である。

　伊根浦といえば，かつてはブリ漁が盛んで，時にはクジラを捕獲していたという。小さな集落ではあるが，全住宅の9割以上が漁業組合員で，京都府漁業の3割以上の漁獲量をあげた時代もあったが，近年になって漁獲量が減ったため，現在は湾内の養殖漁業が中心となっている。そのためには小舟のほうが使い勝手が良いし，また，舟が大型化して舟屋に格納できなくなってからも，作業場や納屋として重宝され，今日まで多くの舟屋が残されてきた。

　海岸に建てられた舟屋は，舟の収蔵庫であるとともに住居の役割も持つ民家でもある。入り江の中程に浮かぶ「青島」に向かって，海面すれすれ

図1　伊根地区の立地

写真1　伊根湾の舟屋（耳鼻地区）

62

に切妻2階建ての舟屋が湾全体に建ち並ぶ景観がとても美しいため，伊根町の代表的な観光名所となっている。また，近年では伊根浦をロケ地として映画やドラマの撮影が行われ，全国に名が知られるようになった。舟屋というのは伊根にだけある建築形態ではなく，日本海側の多くの漁村に見られるもので，現在でも人知れず生業を支えている舟小屋は全国の53か所ほどの漁村で見ることができるが，この地区のように多くの舟屋が残されている集落はほかに類をみない。

● 伊根湾の地理的特性

この町は，山地が海岸線まで迫るリアス式海岸で平地が少ない。そこで，波打ち際だけを埋め立てて住宅が建てられた。また，伊根湾は日本海側ではめずらしく南に開け，東・西・北側の三方を囲む岩山の地勢により波が起きにくく，潮の干満も年間30〜50cm程度で，入り江の中程にシイの古木が茂る「青島」が自然の防波堤となり，多方面から吹く季節風からも守られ，外海と隔てられた特異な立地環境である。そのため，舟屋を伊根湾の海面すれすれに建築することができ，このような水辺景観が生まれた。「青島」は，伊根ブリで知られる伊根漁師にとっての聖なる島であり，海の守護神，蛭子神社があり，語り継がれる鯨獲の形見ともいえるクジラの骨墓もある。

図2に示すように，この湾には9つの地区がある。中でも高梨地区，立石地区，耳鼻地区，亀山地区は，舟屋の保存率が70〜90％と高い。大浦地区は大型船が接岸できる共同の港になっているため，舟屋はない。

● 舟屋の変遷と特徴

現在，集落内に道路が1本通っているが，この

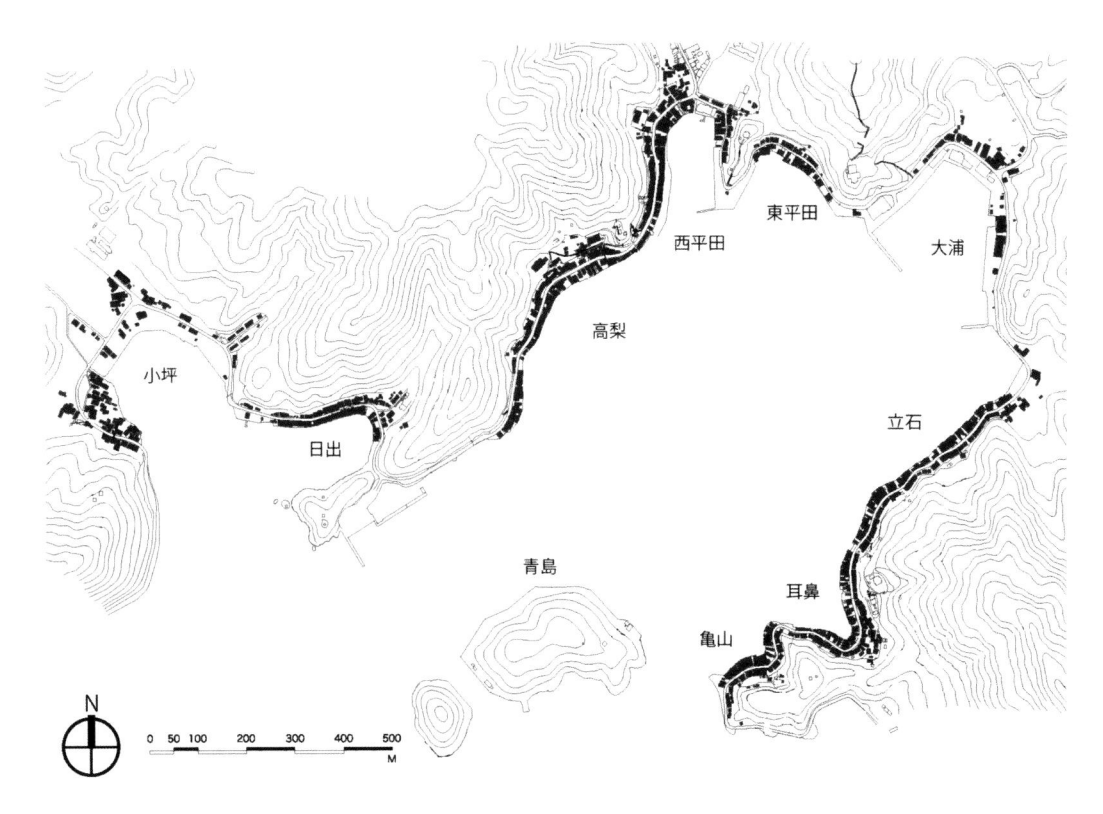

図2 伊根湾の民家配置（文献1を元に作成）

写真2　立石・耳鼻・亀山地区と養殖漁場

写真4　集落内道路からみた舟屋（亀山地区）

土地はもともと住宅の中庭であった。昔はどこへ行くにも舟を利用していたので道路は必要なかったからである。しかし、昭和初期になると陸上交通が必要になり、各住宅の中庭を連続させて集落の道路にしたのである。通常なら住宅の山側に道路を設けるところだが、地形的にその余地がなかったからである。そのため、道路を挟んで山側には平入りの母屋、海側には妻入りの舟屋が並んでいる。この空間構成によって、現在でも住民にとって道路は庭のような存在であり、住宅のつくりも道に対して開放的で、道路は魚を干す場や住民のコミュニケーションの場にもなっている。なお、この集落内道路は袋小路のため、通過交通がないことも道路が住民の庭的空間として使われる重要な要因であろう。

舟屋の土台や柱には耐久性の高いシイの木を用い、梁にはマツを使用している。古くは舟小屋に板や土の壁は作らず、ワラや古縄を吊るしたワラ葺きの風通しの良い平屋建ての建物であった。屋根裏にも床板を張らず、足場板を並べて漁具置き場として使っていた。現在は、このような舟屋は見られないが、「青島」にかつてのワラ葺き平屋の舟屋が復元されている。

江戸中期に入ると舟屋は半2階となり、明治中期に瓦葺きのものが多くなった。現在見られる2階建ての舟屋景観が形成されたのは、1940年完成の幅員4m道路整備により、舟屋と漁網や渋壷を収蔵する蔵を海側に移したころからで、いつでも舟が出せるように若者が寝泊りし交流をする場として使われていた。

2階建ての舟屋の1階部分は、舟の格納や漁網置場となり、出漁の準備、漁具の手入れ、魚干物の乾場など幅広く活用されていた。また1階の床は、海側に傾斜し海水が約2m入り込む構造に

写真3　集落内道路（立石地区）

写真5　舟の大型化（耳鼻地区）

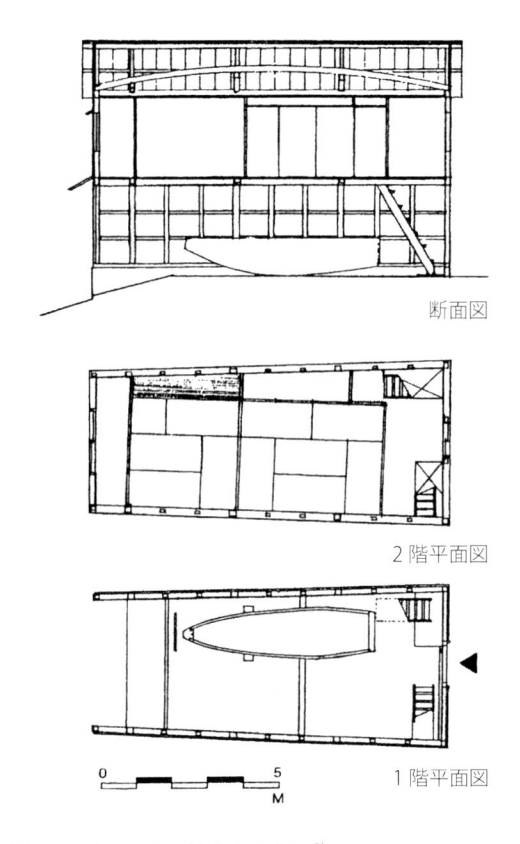

図3 昭和初期に建築された舟屋[2]

なっており，舟を海から直接引き上げられる。2階は主に居住用として使われ，切妻壁面に開口部を設けている。

近年，舟が大型化することによって舟屋への格納が困難になり，また材質も木造からFRPへと変化したことで格納する必要性もなくなり，さらに生活様式の変化も伴って，舟屋の形態や用途が少しずつ変化している。今はモーター船が舟屋の前の海面に浮かび，舟屋はガレージや民宿などの別の機能に代わり，海側の開口部が塞がれるなどの改変も見られる。

● 保存地区の指定

伊根の舟屋は江戸時代中期ごろから存在しているものと見られ，現在も約230棟が残されている。「海への開口」「妻入り」といった特徴が評価され，2005年7月に，漁村では全国ではじめてとなる国の重要伝統的建造物群保存地区の選定を受けた。選定名は「伊根浦」で，東西約2650m南北約1700m，面積310.2ha，建築物（主屋・舟屋等が432軒（舟屋は235棟）），工作物5軒，環境物件15軒が選定された。

● おわりに

このように，ほかに類をみない独特な水辺の景観を作り出している伊根の舟屋は，その特異な立地特性や漁業形態によって，幸運にも今日まで残され，さらに今後もその姿を見ることができるようになった。長年の試行錯誤によって，その土地特有の自然環境条件を巧みに利用する先人の知恵にはいつも驚かされる。舟小屋は，ささやかな水辺の建築であるが，その存在は水辺と結びついた地域の生業や暮らし，自然との色濃い関係の証しであり，その土地の風土が築いてきた文化でもある。つまり，村のコミュニティや生業としての漁業形態が舟屋のたたずまいに表れている点で，この集落の価値があるといえよう。重要伝統的建造物群保存地区に指定されても，建築形態だけが残されて，住民の生活が海から切り離されないことが望まれる。

［市川尚紀］

《参考文献》
1) 伊根町教育委員会：伊根町伊根浦伝統的建造物群保存地区―保存のあらまし
2) 京都府与謝郡伊根町教育委員会：伊根浦伝統的建造物群保存対策調査報告書，2004
3) 吉田桂二：日本の街並み研究―伝統・保存とまちづくり，彰国社，1988
4) 和久田幹夫：舟屋―むかしいま，あまのはしだて出版，1989

厳島神社（広島県） 海上の歴史的建造物

● 厳島（宮島）の概要

　厳島（宮島）は，広島湾にある安芸群島の一つで，全島が花崗岩でできている。面積は約30 km^2，周囲は約30 kmあり，瀬戸内海国立公園に属する。弥山（海抜535 m）を主峰として樹林に覆われ，島全域が国の特別史跡，特別名勝に指定されている。1996年には，広島の原爆ドームとともに，ユネスコの世界文化遺産に登録されている（図1）。世界遺産としての範囲は，厳島神社の社殿とその前面の海，神社周辺にある堂塔，および弥山原始林を含む森林の431.2 haであり，島全体が緩衝地帯である（2 634.3 ha）。なお，行政区域は，2005年に合併によって広島県佐伯郡宮島町から廿日市市宮島町となっている。

　ここでは，平安時代に平清盛が造った海上神殿と呼ばれる厳島神社について，水辺と建築の関係性の視点から述べる。

● 厳島神社の歴史

　昔から，宮島は霊厳な山容から神の宿る島として崇め奉られており，厳島神社は原始信仰を基盤として発祥したものと考えられている。厳島神社がはじめて記録に表れたのは811年の国史であり，そこには「伊都岐嶋神」と記されている。

　平安時代に入り，「武士」の家柄であった平清盛が1146年から1156年まで安芸守を務めたときに厳島信仰が進んだと考えられている。瀬戸内海を基地に日宋貿易で富を築いた平清盛は，権勢の加護が大きいとした厳島神社の信仰を深め，神主の佐伯景弘に命じて厳島神社の再建事業に着手している。

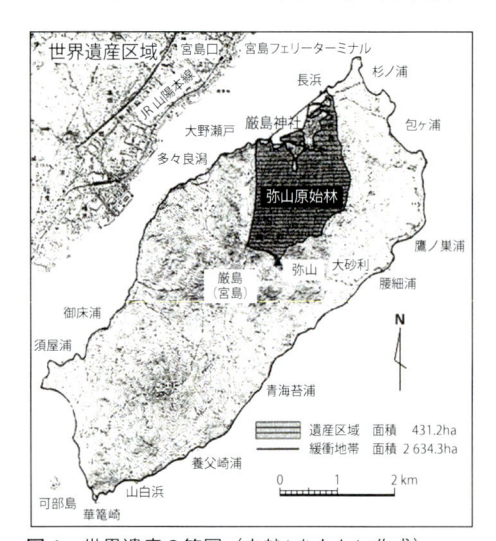

図1　世界遺産の範囲（文献1をもとに作成）

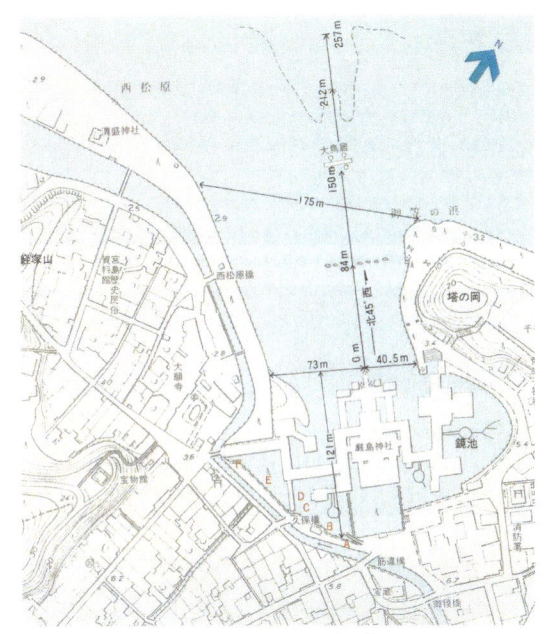

図2 海上の社殿・大鳥居と周辺地形[2)]

神社本宮の桧皮葺玉殿（本殿）以下諸堂宇は従来どおり海浜に建てられ，廻廊で連絡された。また，対岸の地御前にある外宮にも桧皮葺玉殿などを造営している。この再建事業は1168年11月にほぼ完成し，現在のような社殿を構成するようになったが，それ以降にも追加されている。

このように社殿が海に造営された理由としては，従来から厳島神社は伊都岐嶋神という島の神を祀り，島自体が神聖視されていたので，陸地に社殿を造ることをはばかったと言われている。

その後，鎌倉時代の源頼朝，室町時代の足利尊氏も厳島神社を厚く信仰した。戦国時代に厳島合戦（1555年10月）で陶晴賢に勝利した毛利元就は，1557年に反橋，1561年に大鳥居を再建しているが，さらに神殿の新造に着手して，1571年12月に遷宮式を行っている。この新社殿が現在の姿となっている。なお，現存する能舞台，楽屋，橋掛は1680年に広島藩主浅野綱長によって建立されたものである。

● 厳島神社と大鳥居の配置

海の上に建つわが国唯一の神社であり，塔の岡と経塚山に囲まれた入江に，紅葉谷川（御手洗川）と白糸川からの土砂で埋められた潟の上に造営されている。平清盛は，社殿の建造時に御手洗川の流路を西に曲げて，神社の裏側を通す付け替えを行っている。現在は，江戸時代の1736年に発生した土石流による土砂処理として造られた「西松原」の内側を通って大元川の河口に流出している（**図2**）。

干満差の大きい瀬戸内海にあることから，神社の前端の灯篭台のところで，廻廊の床下は約1.7mの高さがあり，大潮のときの満潮時には床下近くまで海面が上昇する。

本殿から大鳥居までは108間（約200m）あり，内側の入江は「玉御池」と呼ばれている神聖地である。すなわち，大鳥居をくぐって海であるこの神聖地を通って参拝することになる。干潮時には大鳥居を過ぎて干潟が続く（**写真1**）。

大鳥居は柱の前後に控柱のある両部型であり，自重で立っている。最上部を一体の箱にして，約7トンの玉石を詰めて安定のための重石としている。大鳥居の畳3畳の大きさの扁額には，海側は「厳嶋神社」，社殿側は「伊都岐島神社」と書かれている。現在のものは平安時代から八代目で，1875年に再建されている。

写真1 干潮時の干潟の形成

● 社殿の構成と特徴

現在の社殿は，鎌倉中期の再度の火災後に遷宮が行われた1241年ごろの形態を伝えている。現在の各社殿の配置を**図3**に示す。各社殿の形式や意匠は，平清盛造営時の平安時代後期の京都の貴族の大邸宅であった寝殿造の形態を示している。

寝殿造は，儀式が行われる寝殿を南面に，その前には東側から「遣水」と呼ばれる泉川が注ぐ広い池庭を配している。寝殿の東西北などには対屋を設け渡廊で結んでいる。対屋から南に中門廊が伸び，その先端には池に臨む釣殿がある（**図4**）。

厳島神社の社殿配置を寝殿造と対比するなら，入母屋造の拝殿が寝殿，祓殿が対屋，内侍橋が透渡殿，祓殿に渡る折り曲げられた廻廊が中門廊に相当するといわれている[4]。厳島神社の廻廊は，本殿ではなく祓殿の周りを囲っているので，聖俗の結界となっていない。また，厳島神社の前面の海が池とみなされ，海側に広がる高舞台，平舞台では，楽房と併せて芸能を神に奉納する祭礼行事が行われる（**写真2**）。

厳島神社では，本殿内陣に本殿形の建築物である6基の玉殿を安置している。このように本来の本殿が内陣に入っていることから，本社と摂社客神社の本殿は，正面に格子戸を設けただけの開放的な造りとなっている（**写真3**）。

写真2　平舞台から高舞台・祓殿を望む

写真3　拝殿から幣殿・本殿を望む

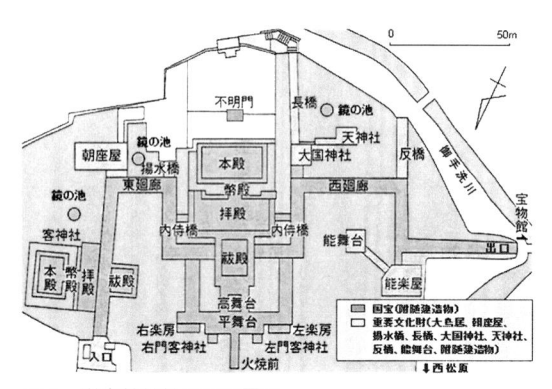

図3　厳島神社社殿の配置図

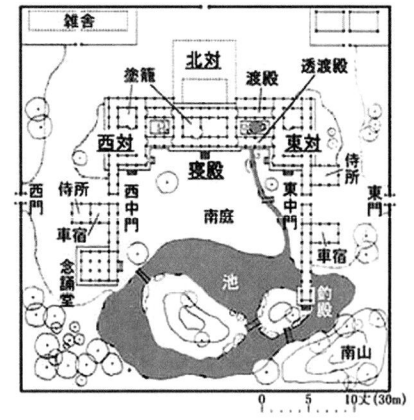

図4　寝殿造の構成（源氏物語における二条院の想定平面図：考証・作図，池浩三博士）[5]

● 海上に建つ建築上の工夫

暴風雨の影響を受けやすく，干満差の大きい海上に建つ神社建築として，防災面からはいろいろな工夫がなされ，今日の美しい姿を維持している。
① 厳島神社の本殿には，内陣に本来の本殿である御神体を奉安する玉殿を安置している。この玉殿は，桧皮葺の屋根を持った建築物である。海上に造営しているため，暴風雨から本来の本殿を守るため，玉殿として巨大な本殿に格納している。

写真4 摂社客神社の脇にある「鏡の池」

写真5 西松原から満潮時の祓殿・拝殿・本殿と廻廊を望む

写真6 社殿と平舞台を支える木柱と石柱

また，内陣は，周りを囲む外陣より木階（階段）を4段上がった高さに設け，御神体を納める玉殿を高潮から守っている。過去最大といわれている1509年の高潮では，本殿の外陣まで海水が達し，階段4段のうち3段目まで水没したが，玉殿は無事だったという記録がある[4]。

② 厳島神社の社殿配置図で見られるように，満潮時に浸み込んだ砂州の水を集めて海へ流すための池（鏡の池）がある。干潮時には池が露出し，そこに集められた浸出水は水筋を作って速やかに海に流れるようになっている。東廻廊の摂社客神社を過ぎた左側にある「鏡の池」は直径5mの円形である（**写真4**）。以前は御手洗川の伏流水の湧出があったが，現在は河川改修で湧出はほとんど見られない。このような池がほかに2か所ある。

③ 厳島神社のすべての社殿は海面上に浮かぶように造営されている（**写真5**）が，それをつなぐ廻廊は，聖俗を分ける結界ではなく通路であり，幅4m，長さ約275mに及ぶ。廻廊の床板（一柱間に8枚を敷く）には隙間を設けて，大潮のときは，その隙間を通して海水が上がる構造となっている。台風による高潮で廻廊が水没することもある（**写真5**）。

④ 社殿は海中に配した礎石上の木柱によって支えられ，過酷な環境条件にある根元は根継ぎによって維持されている。平舞台の床下の支持（床束）は，毛利元就が寄進した赤間石の石柱であり，木柱のような修復は必要としない。平舞台は，この石柱の上に大引きと根太を渡して，少し隙間を設けて板を張っているだけである（**写真6**）。

⑤ 瀬戸内海の南側から吹きつける暴風に対して強風が直接当たらないように，弥山の山影になるように主要社殿を配置している。1991年の台風19号では，清盛が造営したころにはなかった能舞台と能楽屋，平舞台の先にある楽房と門客神社が被害にあったが，主要な社殿はほとんど被害にあっていない。

⑥ 二つの谷筋となる紅葉谷川と白糸川からの土石流については，その流路となる場所には主要な社殿の配置を避けている。

［村川三郎］

《参考文献》
1) 廿日市市観光課提供の資料，2013
2) 宮島町：宮島の自然，地形・地質編，1994, pp.33-43
3) 鈴木充：海上の社殿─厳島神社，日本名建築写真選集8（撮影 岡本茂男），新潮社，1992, pp.81-115
4) 三浦正幸：平清盛と宮島，南々社，2011, pp.6-86
5) 鈴木一雄 監修，池浩三・倉田実 編集：源氏物語の鑑賞と基礎知識 No.17 空蝉，至文堂，2001, pp.92-93
6) 週刊 日本の世界遺産17（厳島神社），朝日新聞出版，2012, pp.3-21

木野部(きのっぷ)海岸（青森県）　自然の猛威と恩恵

● デザインの意味を問う木野部海岸の整備

　木野部海岸は，本州最北端・下北半島の北辺，尻屋岬と大間崎の間のほぼ中央部で津軽海峡に面し，旧大畑町（現・むつ市）の中心部からは，北西約5kmの位置にある。背後を恐山山系に囲まれた旧大畑町の中心には大畑川が流れ，かつては，この河口に築かれた河港を中心にして市街地が形成され，川湊の町として繁栄してきた。

　合併前の2003年時点で，同町は，人口約9 600人の小さな町であった。全国的にはイカの町として知られ，かつては，イカの一次加工品の全国シェアの約5割を占めたほど，漁業・水産加工業の盛んな地域であった。他方，町の約95%の面積を占める森林に関しては，青森ヒバの産地として林業・製材業が盛んであったが，現在では低迷している。

　この海岸は，2006年度土木学会デザイン賞，2007年度グッドデザイン賞金賞（経済産業大臣賞）を受賞した。ただ，その意味を理解するには，「デザイン」という観点を離れて，海岸の変遷と整備の経緯，その思想をたどる必要がある。

● 木野部海岸のたどった変遷（整備前史）

　かつては海岸線から指呼の間でイカが大量に釣れたという大畑の漁業は，海岸の磯場で取れる岩海苔や前沖での漁を中心とした沿岸漁が主体であったという。大畑川の河口に船溜まりがあり，1965年ごろまでは海岸線に人工構造物はほとんどなく，砂浜と磯が連続して展開する昔懐かしい景観がそのまま残されていた。それは，単なる景観としてではなく，海側の沖合から陸側の背後地までの空間が，生態系と地域の人々の生業とが織りなす一つの生活システムとして，連続的に成り立っていたことを意味している。

　この海岸線に人工構造物がどんどんと入ってくるようになったのは，昭和40年代からだという。漁業の沖合・外洋への展開と船の大型化に伴う漁港の外港への展開，港と船を守る防波堤，海岸保全および背後地防護のためのカミソリ式の直立型護岸，消波ブロック，緩傾斜護岸，離岸堤等，今や全国各地で見慣れた光景かもしれないが，さながら海岸構造物のオンパレードといった状況がこの海岸でも繰り広げられることになったのである。海岸構造物を設置すれば当然，沿岸での波や

漂砂の動きもその影響を受けて変化する。ある部分は洗掘され，ある部分には砂がたまって磯場が埋まる，といった状況が生じてくるのである。もちろん，それは，海岸構造物のみの影響にはとどまらない。背後の森林の荒廃や，それに対応して設置される森林保全，砂防などを目的とした構造物の影響，河川整備の影響等も，水循環の最下流に位置する沿岸域が背負うことになるのである。

つまり，海岸という場所は，背後の河川流域と海側の沿岸域の両者の影響が交差し，複雑に影響し合う，最も過酷な場所なのである。だからこそ，豊かな自然の恵みをもたらす場でもあり，その自然の猛威と恩恵の両義性を意識しなければ，本来，この場所には暮らすことはできない，そのような場所だったはずなのだ。

しかし，昭和40年代以降の整備の変遷は，否応なく漁獲競争に巻き込まれていった地元住民の願いが実現された姿でもあった。海岸に設置されていく人工構造物に，どこかで歯止めをかけなければ…という危惧を抱きつつも，その直観的な危機感を自らぐっと呑み込んで，漁業で成り立つ地域の発展を約束する頼もしい存在だと信じ，切なる願いを託したのであろう。皮肉なことに，そうして人工構造物が導入されるのに反比例するかのように，漁獲高は落ち込んでいった。住民の要望を隠れ蓑にした…と言ったら言い過ぎだろうが，この時期，高度成長期以降の日本の社会全体の機能不全が，全国各地で露呈していった時期だと言えなくもない。

● 木野部海岸の再整備：柔軟な海岸構造物

こうした状況に対して大きな変化が起きた一つのきっかけは，43年ぶりの海岸法の改正(1999年)であった。改正海岸法は，津波，高潮，波浪等による海岸災害の防護を目的とした海岸保全の実施という従来型の海岸事業から，防護・環境・利用の調和の取れた総合的な海岸管理への移行を目指した。同時に，事業の透明性の確保に関して，公聴会の開催等，関係住民の意見の反映のための措置を講ずることなどについても新たに定められている。

こうした改正の背景に基づいて，木野部海岸の整備にあたっては，海岸管理者・事業者，地域住

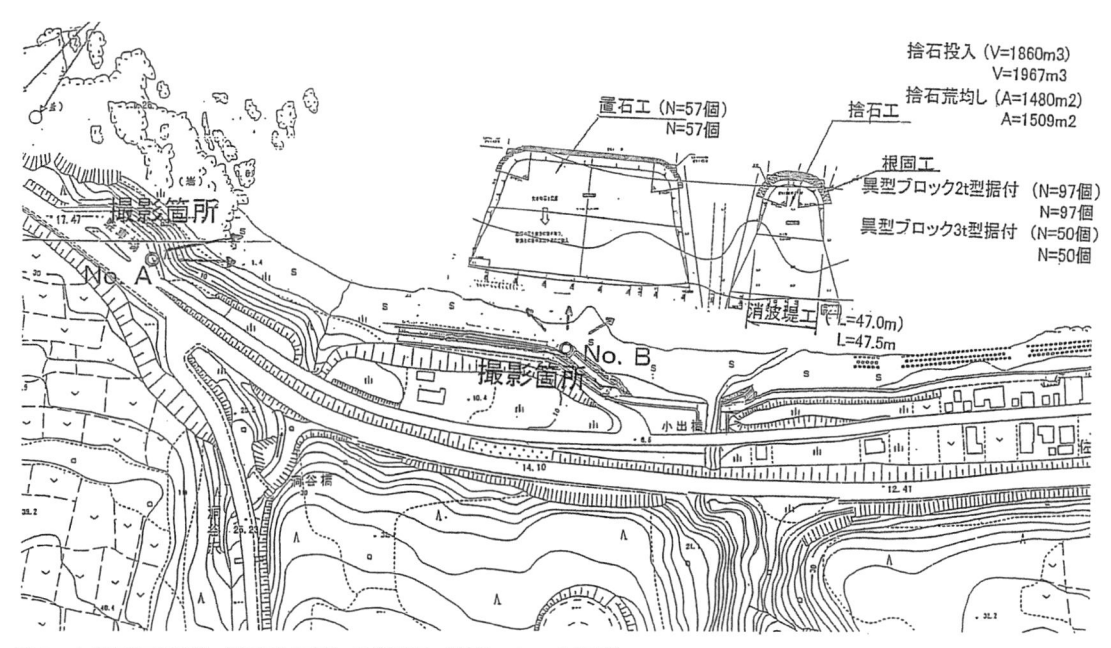

図1 木野部海岸整備（青森県事業）の概要図（提供：むつ市役所）

写真1　整備前に存在した緩傾斜護岸（提供：むつ市役所）

写真2　低天端幅広消波堤（整備後）（提供：むつ市役所）

写真3　「築磯」形式の消波堤（干潮時：再整備後）

民，専門家等を交えた十数回にわたる「キノップ海岸懇話会」が開催された。ここでは，単なる住民の要望の吸い上げではなく，馴れ合いにならない建設的で真剣な議論が，時にはギリギリの攻防を繰り広げながら行われたのである。

海岸事業において，住民参加型事業の進め方はほぼ皆無であったから，懇話会の進め方自体も，行きつ戻りつの「見試し」による試行錯誤だっただろう。そして，整備そのものもまた，「見試し」型の技術を用いたものとなった。

整備は，青森県が1999年よりはじめた県単事業「心と体をいやす海辺の空間整備事業」によって行われた（図1）。整備にあたってテーマとなったのは，かつて豊かな漁場を形成していたものの，砂に覆われてしまっていた磯場を，昭和30年代の姿に復元し，安定した海辺の暮らしを送っていたかつての地域環境の再生に貢献することであった。単なる昔懐かしい景観の復元ではない。地域の人たちがかつての景観，磯場の姿に重ねて見ていたものは，彼らの生活そのものだったのである。

さて，整備前の木野部海岸には，国庫補助事業により整備されたコンクリート製の緩傾斜護岸があった（写真1）。これは，この護岸が整備された当時に，海岸線のみを防護する線的防護方式に代わって国が推奨した，面的防護方式により整備された護岸であったが，この護岸が浜沿いの往来を分断する，荒天時には緩傾斜の護岸を波が道路まで駆け上がる，護岸の法先が波に洗われて滑りやすくなって危ないなどの理由で不評であった。そこで，この緩傾斜護岸を取り払い，その前面に磯場を復元することが決定したのである。

議論の場では，明治期～昭和中期にかけての往事の海岸の様子を写した写真が議論の呼び水となって，この地に暮らしてきた地域住民の記憶，思いがあふれ出し，この決定を後押ししたという。全身全霊で生きてきた証であったかつての景観が，その体感的記憶を呼び戻し，再び，この地で海に寄り添いつつ全身全霊をかけて生きていくこと，そしてその生き方を，地域の人々自ら，そして整備の技術的責務を負う行政も選択し，覚悟し，決断するような，そんな瞬間だったのだと思う。その決断を支えた専門家の思いも同じだっただろう。

しかし，国庫補助で整備された構造物を取り壊す決断は，行政にとって簡単ではなかったはずだ。「適化法」（補助金等に関わる予算の執行の適正化に関する法律）上の問題もあった。ここでは，

写真4　磯場での海藻採りの様子（提供：むつ市役所）

取り壊し撤去した緩傾斜護岸のブロックを，整備後の消波堤の基礎マウンドに転用することで，現在の防護機能を損なわずにさらなる機能向上を図る，という解釈のもとに転用の理由づけを行った。そして，上記の基礎マウンドの上にかつての磯場を復元したのである。

磯場の復元には，従来からこの地で行われていた「築磯」という方法が参照された。築磯とは，自然の磯に加えて地元の人たちが山や川から大ぶりの自然石を運び，磯を築くという方法である。形成された磯場は，かつて小魚やツブ貝，ウニ，アワビ等のほか，岩海苔その他の海藻の収穫場となり，海藻が繁茂する季節には，集落で一斉に「磯明」をして，一家総出で収穫に励んだという。

こうして磯場の復元やその方法が決定しても，事業は思いどおりには進まない。最初にできあがった磯場の姿は，かつての磯場のイメージとは似ても似つかない，四角形でいかにも人工的な「低天端幅広消波堤」そのものだったのである（写真2）。実施設計や施工の段階まで，情報が適切に継承されていなかったこと，発注者側（事業担当者）の人事異動に伴い事業の方針が適切に継承されなかったこと，施工者の施工完了後の出来型検査対策等が要因だったようである。

設計図なき築磯は，近くの磯場やかつての海岸の写真を手本に，現場で「見試し」を繰り返し，2003年8月に完成した（写真3）。磯場には海藻が戻りつつあるという（写真4）。

とはいえ，まさに「見試し」型の築磯は，今後も波浪を受けつつ，動的変化を続けるだろう。大きな外力を受けたときの防護機能の技術的検証もいずれ必要になるかもしれない。明確な答えはないなかで，地形変化，波浪減衰，生態系等に関するモニタリングの努力が続けられている。

● 地域を営む模索の物語は続く

このような整備が実現した背景には，「'94フォーラム in 大畑」（現在，NPO法人サステイナブルコミュニティ総合研究所に発展）による活動，この地域で生きるうえで拠って立つべき理念を定めた「大畑原則」（1997），大畑川での近自然工法の展開等，整備以前の諸活動の蓄積があった。地域住民を主体とするこうした地域活動の蓄積が，徐々に行政施策に反映され，この整備にも結実していったのだろう。もちろん，そこにはリーダー的存在もあったし，重要な役割を果たした専門家もいた。しかし，木野部海岸の整備は，そうした一部の人たちの成功物語としてではなく，単なる住民参加（住民側からの行政施策決定プロセスへの参加アプローチ）を超えて，海辺に生きることそのものに真摯に向き合う，真の住民－行政の協働の模索の物語として捉えたいと思う。

模索は続く。地域を自らの手で営んでいくこととは，そうした運動論そのものなのではないか。

［山田圭二郎］

《参考文献》
1) 宇田高明・清野聡子・角本孝夫ら：海洋開発論文集　第16～18巻掲載の一連の論文等
2) 篠原修・内藤廣・二井昭佳　編：GS群団連帯編　まちづくりへのブレイクスルー――水辺を市民の手に，彰国社，2010，pp.13-66
3) 里浜づくり研究会：「里浜づくり」のみちしるべ，2008，pp.27-35

お台場海浜公園（東京都）　都市型新観光地の誕生

● 東京都の海上公園構想と計画

　お台場海浜公園は，東京都が独自の施策として展開してきた海上公園整備事業による第1号の公園として1975年に開園した。以来40年近くにわたり，都民をはじめとして首都圏近郊から多数の利用者を集める一方，アジア諸国から来日する観光客に対しては東京の代表的な観光スポットとして人気の場所となっている。

　このお台場海浜公園を含む海上公園の整備事業の経緯をみると，東京都は，1970年12月に「東京都海上公園構想」を策定し，次いで翌年に「東京都海上公園基本計画」を立案，その後72年から今日まで事業を実施展開してきている。この海上公園については，当時東京都が進めていた"マイタウン東京構想"を構成する三本柱の一つ「ふるさとと呼べるまちづくり」の施策の中で，水と緑の豊かな環境づくりを目指した臨海部の環境整備の一翼を担う施策として推進されることになった。元々，海上公園の構想は，東京湾の汚染状況を視察した当時の美濃部都知事の発案に端を発し，「失われた東京の海を都民の手に返すため，葛西沖から羽田沖までの海域を一つの公園として考える」という壮大な構図の中で描かれていた。この構想では，基本的な考え方として，①海の都民への開放は，葛西沖から羽田沖までの海域全域を一体的な構想のもとに進め，②青少年や老人，婦人など都民のさまざまなレクリエーション活動が有意義に行われるように施設は効率的，重層的に組み合わせ配置する，③具体化にあたっては，都民の参加を得て，ユニークなアイデアを投入するとともに，公園施設の管理運営には，都民の知識や経験を積極的に活用する，などが掲げられた。次いで，具体化のための「海上公園基本計画」では，4つの基本的理念が示され，①東京湾の水の浄化や自然を回復し都民に提供する，②都民が創造する多様なレクリエーションの場として発展する公園とする，③既成市街地のオープンスペース計画と関連する公園とする，④都民が参加する公園とする，が掲げられた。こうして整備事業が進められてきた海上公園は，公園タイプによって三つに分けることができる。1）海浜公園：主に水域の自然環境を保全するとともに，水に親しむ場所として都民の利用に供する公園（ex：お台場海浜公園，葛西臨海公園など）。2）ふ頭公園：主にふ頭の環境整備を図るとともに港の景観に親しむ場

第1章 海の親水

写真1 葛西臨海公園と葛西海浜公園（地先水面）

写真2 青海南ふ頭公園

写真3 京浜運河緑道公園

所として都民の利用に供する公園（ex：晴海ふ頭公園，青海南ふ頭公園など）。3）緑道公園：臨海地域における自然の回復を図り，緑に親しむ場所として都民の利用に供し，併せて海上公園の一体的利用を促進する公園（ex：京浜運河緑道公園，辰巳の森緑道公園など）。これら公園は，それぞれ場所的，空間的に特徴を持った海上公園として2011年7月現在で44か所が事業計画されており，開園した公園は，海浜公園7か所（計画8か所），ふ頭公園18か所（21），緑道公園15か所

(15)となっている。

また，海上公園は，東京都独自の構想を生かすために，都市公園法に規定されていない海浜や港湾施設，社会教育施設，福祉施設などを海上公園施設として加え，その配置を可能としたことや，都市公園法とは異なる施設基準，占用基準を定めることが必要とされ，地方自治法第244条に規定される「公の施設」として都民の利便の増進を図るため，1975年10月に東京都海上公園条例が制定されることで管理運営がなされてきた。

また，2003年2月には，行政計画として，「『新たな海上公園』への取り組み」を策定し，①「規制優先」から「利用優先」への転換，②「環境の保全」から「自然の再生」への取組みに転換する，③「行政が提供する公園」から「都民と協働で育てる公園」への転換を図る，④「民間活動の制限」から「民間活動との連携」への転換を図る，⑤「公園の管理」から「公園の経営」への転換を図る，とした新たな取組みを展開してきている。

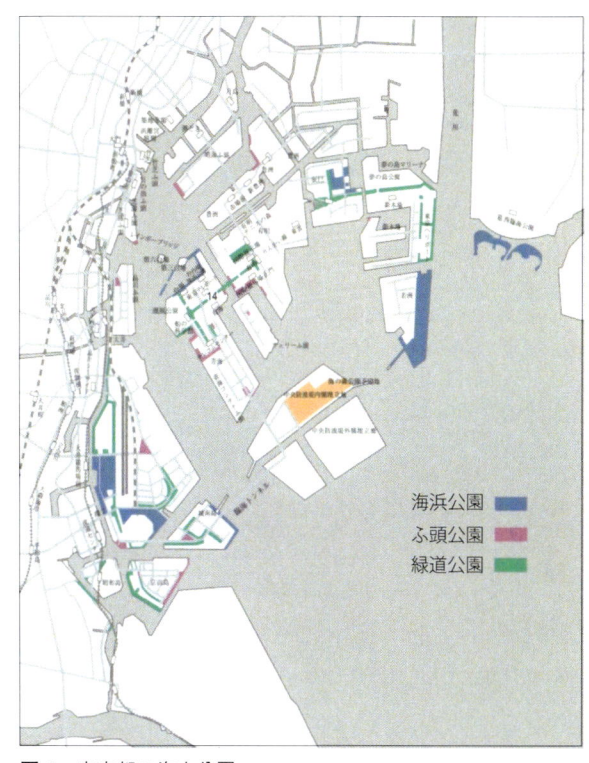

図1 東京都の海上公園

● お台場海浜公園の整備

お台場海浜公園は，東京都が進める海上公園整備事業による第１号の公園として，1972年から東京港の港内の13号地埋立地に隣接した貯木場として使用されてきた水域を中心に，周辺の陸域部分を含めて公園整備が行われ，75年に開園した。この公園の名称は，当初は13号地海浜公園と呼称されていたが，その後，現在の名称に変更された。また，この海浜公園の特徴は，公園規模に占める水域面積が46 haで，陸域はその1/8弱程度の6 ha程に過ぎず，水域でのレクリエーション活動を主体とした空間形成となっている。このため，陸域に設置された施設としては，休憩，散策，展望利用程度のものに限定されている。しかし，この海浜空間は人工的に造成されたものではあるが，都心部に位置する親水性に富む自然的空間として，都市住民に貴重な場所を提供している。

海上公園整備の特徴は，海上公園構想に掲げられた東京港の自然回復を図ることとともに都民が海の自然と親しめる場を確保することにある。そのため，お台場の場合，水域には東西に異なった機能の水域ゾーンが配され，東側の水域は，釣りや水遊び，ウィンドサーフィンなどが楽しめる海浜レクリエーションゾーンを形成し，西側の水域は，干潟や潮だまりにより，魚介類や野鳥，海浜植物などの自然生態系の回復のための海浜環境保全ゾーンを形成する空間的配置となっている。

この二つの水域を含めた場所は，元々は港湾施設としての貯木場の跡地であり，隣接して国指定の史跡である「台場」がある。貯木場は，当時13号地と呼ばれる埋立地の前面水域に1961年から整備が進められ，東側と西側の２か所で構成されていたが，海上公園構想の推進により，1980年と83年にはその機能が順次廃止された。一方，台場は1853年にペリー提督率いる黒船が来航した際，江戸防衛のために当時の品川沖の海域に築造されたもので，現在２か所が残存している。こ

写真４　お台場海浜公園

の内，第一台場は品川埠頭に位置し，第三台場は国の史跡に指定され，貯木場の跡地と史跡としての台場の二つの施設跡地を活用することで，お台場海浜公園の整備がなされた。

しかしながら，海浜公園計画予定地としての貯木場跡地は水域が閉鎖型をなしているため，水の循環が悪く，水底には原木から剥離した木皮などが堆積し，水質や底質環境は極めて劣悪な状態に置かれていた。このため，海浜公園整備に対しては，こうした問題に対する対応が求められるとともに，新たな利用要請としての静穏水域を利用したウィンドサーフィン用ゲレンデとしての水面利用に対する対応策が課題として求められた。

● お台場海浜公園の海域環境改善の試み

お台場海浜公園の整備の実施にあたっては，海上公園計画に掲げられた自然環境の回復のための場づくりおよび海浜レクリエーションのための場づくりを目指して，まず，貯木場跡の水域の水質浄化を図ることが第一の目的として展開されてきた。

この海浜公園の特徴的な空間構成は，水域が大半を占めていることがある。そのため，水質浄化を欠かすことはできない。その改善にあたっては，人為的方法を用いるのではなく，自然界の作用を利用することで浄化を行うことが検討された。その方策は，水域の水深を砂泥により１〜２m程

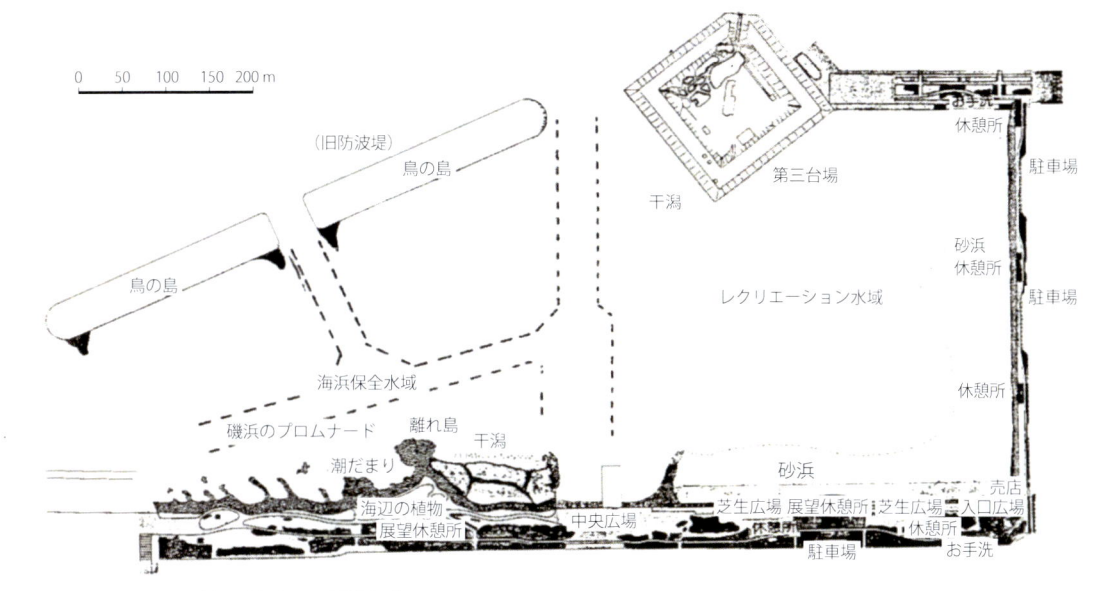

図2 水域区分および主要施設の配置状況[1]

度の浅海域に改良し，直立護岸は養浜による人工砂浜にすることで，波の遡上を可能にし，漂流物の打ち上げと砕波によるエアレーション効果で水質浄化を促進する方法が取り入れられた。そのため，捨石による磯浜の形成や，船舶航行のための航路浚渫による浚渫土砂を用いた干潟造成も行われ，生物付着を促進する汀線環境の改良が行われた。また，砂浜面積と規模も広くすることで生物の浄化能力（リビングフィルター作用）と自然の浄化力を高めることが意図され，三浦海岸などの自然の砂浜や荒磯海岸などにおいて，生物生息に対する環境調査が実施され，導入する海浜環境の姿が構築され整備が展開された。

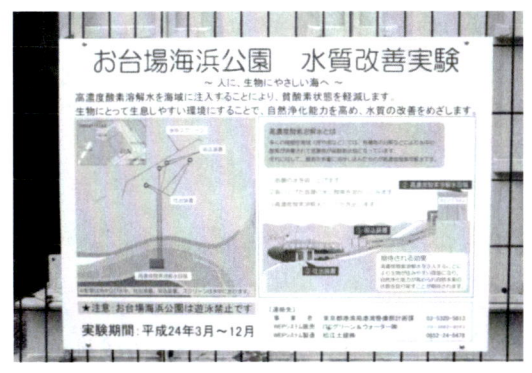

写真5 水質改善実験

こうした生物生息環境の形成により，潮間帯における生物の生育空間や採餌，繁殖など生息環境の回復が図られた。東側の養浜による砂浜海岸では環形動物（サシバゴカイ，ミズヒキゴカイなど）や軟体動物（エドガワミズゴマツボ，アサリ，シオフキガイなど）の生息が回復し，西側の石積による磯浜海岸では，節足動物（イワフジツボ，シロスジツボなど）や軟体動物（タマキビガイ，ムラサキイガイなど）の生息が回復した。これにより，水鳥の採餌場が修復し，四季折々の水鳥が飛来する場を形成することとなった。

また，砂浜海岸の創造は親水機能の向上とウィンドサーフィンによるエントリーを容易にするなどレクリエーション活動への配慮が意図された。

さらに，2007年からは，「カキの水質浄化実験」「高濃度酸素溶解水を用いた水質浄化実験」などが実施されることで，水域内の水質浄化のための新たな取組みも行われてきている。

[畔柳昭雄]

《参考文献》
1) 親水護岸研究会：東京港お台場海浜公園における環境修復事業の効果分析報告書，1994

シンガポール川の親水空間（シンガポール）

　シンガポールは，強力な都市計画を立て，40～50年という短期間に急成長を遂げた国家である。その急速な経済発展を支えたのは，シンガポールを代表する河川であるシンガポール川といっても過言ではない。その上・中・下流域にボート・キー，クラーク・キー，ロバートソン・キーという三つの波止場がある。

　政府は1960年代から積極的な工業化政策をとったため海運産業が拡大し，シンガポール川辺は倉庫街として発展したが，川辺は非衛生的であった。そこで政府がコンセプトプランとマスタープランを定め，1980年代から再開発が進められ，現在は綺麗に整備されている。

　コンセプトプランは都市計画の骨格を示したもので10年ごとに改訂される。その際，いわゆる住民参加型の計画がなされている。しかし，コンセプトプランはシンガポール全体の概念計画であって法的拘束力はない。それでも，川辺をオープンスペースとして位置づけ，川の縁から建物まで，おおよそ幅15mの空間が確保されている。

　コンセプトプランの具体的実現のためにマスタープランがあるが，これは日本のマスタープランとは異なり，法定計画として建物の用途や高さも指定されている。さらに，建物の川側に建物4階程度の高さの木を植えることや，場所によっては1階で商業活動をしなければならないなどの指定もある。また，川辺遊歩道には，幅員・植栽・舗装などの詳細なガイドラインがある。

　水辺整備に関わる機関としては，国家開発省の都市再開発庁と国立公園庁，法務省の法律扶助局と土地政策部，運輸省の海上航空交通部の5つの機関が関わっている。中でも川辺を整備する際，最も密接に関係しているのが都市再開発庁である。都市再開発庁の主な役割は，①コンセプトプランとマスタープランをもとに土地の有効活用に関する計画の立案遂行，②公営企業が行う環境保護や社会基盤整備の調整，③政府機関や民間企業への用地の安定供給整備，④ガイドラインの作成である。つまり，シンガポールでは都市再開発庁が川辺も一括して管理してまちづくりを行っている。

　川沿いの遊歩道のデザインは，3種類のタイプで構成されている。タイプAは，4mのスロープ護岸を地被植物で覆うもので，主に住宅街で適用されている。タイプBは，垂直の護岸で，観光客が多い地区で適用されている。タイプCは，花崗岩の階段状の護岸である。また，遊歩道の植栽は，消防活動を妨げない程度に2列の樹木を配列するものと指定されている。

　また，事業者は，政府から占用許可を得れば，遊歩道の一部に屋外店舗を出店することが可能である。わが国の社会実験と似ているが，ここでは，川辺に屋外店舗を出店することを政府が推進しているため，多くの店舗が立ち並び，まちの活性化，水辺の景観形成に役立っている。

[市川尚紀]

ボート・キーの水辺

《参考文献》
1) 市川尚紀・土井裕佳・難波義郎：シンガポールにおける水辺空間整備に関する研究 その1　コンセプトプラン・マスタープランにおける水辺空間の位置づけ，日本建築学会大会学術講演梗概集，D-1分冊，No.40259, pp.557-558, 2011
2) 土井裕佳・市川尚紀・難波義郎：シンガポールにおける水辺空間整備に関する研究 その2　水辺遊歩道のガイドラインとその実態，日本建築学会大会学術講演梗概集，D-1分冊，No.40260, pp.559-560, 2011

第 2 章
河川の親水

▶ 第 2 部　親水事例編

古川（東京都）　親水の名称を冠するわが国初の"親水公園"

● 東京都江戸川区の親水整備の取組み

　東京都江戸川区では 1974 年，都会の中では回復不可能と思われていた"清流"がよみがえった。これがここで紹介する"古川親水公園"である（**写真 1・2**）。

　そもそもこの事業は，下水道普及後の区管理中小河川の跡地利用を「内部河川整備計画」として 1972 年に策定した計画に基づいて行われたものである[注1]。本工事は 1972 ～ 1973 年度に施行し，植栽の一部が 1974 年度に行われている。

　古川親水公園は，1974 年には「全建賞」を受賞し，1982 年には，ナイロビで開催された「国連人間環境会議」で紹介されるなど，国内はもとより世界各国で大きな反響を呼んだ全国初の画期的な事業であった。

　近年，地域に根ざした固有の地区まちづくりについては，地域の実情に合わせながら全国各地で展開されているが，その手法については，事業のみならず地区計画や景観地区の活用などさまざまなかたちがある。ここで事例として取り上げる古川親水公園のある江戸川区も地区計画を中心にさまざまな手法に基づき地区まちづくりが展開されている。

　景観の視点では，江戸川区はすでに 2006 年に地区計画と併せ一之江境川親水公園沿線において全国ではじめて景観地区を指定している。今回，古川親水公園においても区内では 2 例目として指定したところである。

　ここでは特に，親水事業を積極的に展開してきた江戸川区の古川親水公園沿線の事例を通して，水辺の景観まちづくりに関する最近の取組みについて紹介しながら，今後の水辺の景観まちづくりの実態と展開の可能性について考える。

● 古川親水公園沿線地区

景観まちづくりの経緯

　古川親水公園は，1974 年に完成した全長 1 200 m の全国初の親水公園である。当時，古川

写真 1・2　整備された古川親水公園

は周辺の下水道の整備とともに埋め立てられる予定だったが，川を残してほしいという地域の声により，水の流れる公園として整備された。

　古川周辺のまちづくり計画を策定するにあたり，古川親水公園沿線の土地利用の変化を踏まえ，古川親水公園沿線地区の景観まちづくりを考えるため，「古川親水公園沿線地区景観まちづくり懇談会」を設立し，2009年6月より活動を行ってきた。

　そして約1年半にわたる懇談会活動を通じて得られた意見等を踏まえ，2011年に「古川親水公園沿線景観地区」「古川親水公園沿線景観形成地区地区計画」を定めている（**図1**）。

景観まちづくりの目標と方針

① 目　　標

　この景観まちづくりでは，今ある資源がこの先も守られ，さらには風格がある魅力的な景観に育っていくことを目指し，1）うるおいある水と緑や歴史的資源を楽しめる風格ある景観まちづくり，2）良好な景観資源を生かした賑わいが感じられる魅力的な景観まちづくり，を目標に掲げ，取組みを進めるとしている。

② 方　　針

　ここでは地域特性を生かした良好な景観まちづくりを進めるために，用途地域等の地域特性に応じて，古川親水公園沿線を5つの街区（A～E街区）に分け，それぞれ方針・ルールを定めている（**図2**）。

景観まちづくりのルール

① 建築物の高さ［景観地区］

　空の広がりが感じられるよう，通常の建築物の高さの制限（高度地区，道路斜線制限，隣地斜線制限）に加えて，建築物の高さの最高限度を定めている。

　　A街区・B街区については，親水公園を中心に空の広がりを感じられるように，建築物の高さを最高10m（公園側）から16m（景観地区境界側）としている（**図3**）。

② 建築物の色彩［景観地区］

　建築物外観の色彩は，親水公園沿線の周辺環境と調和する落ち着いた色彩とし，刺激的な色彩は用いないようにしている。具体的には建築物の規模に応じ2段階のルールを設け，マンセル値[注2]を用いて，色相（色み）により彩度（鮮やかさ）や明度（明るさ）を一定の範囲に抑えている（**図4**）。

③ 屋根の形状［地区計画］

　屋根の形状は，勾配屋根（切妻，寄棟，入母屋，片流れ屋根等）を基本にしているが，勾配屋根にできな

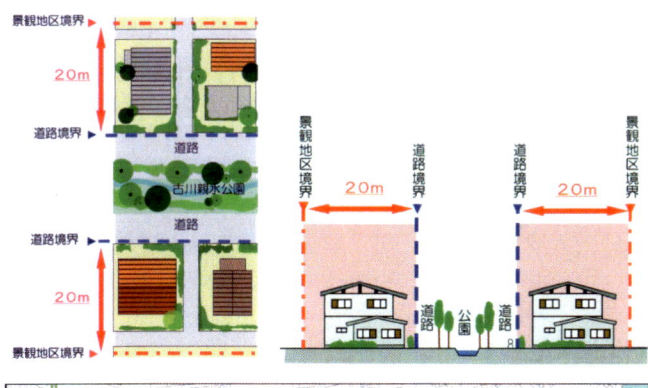

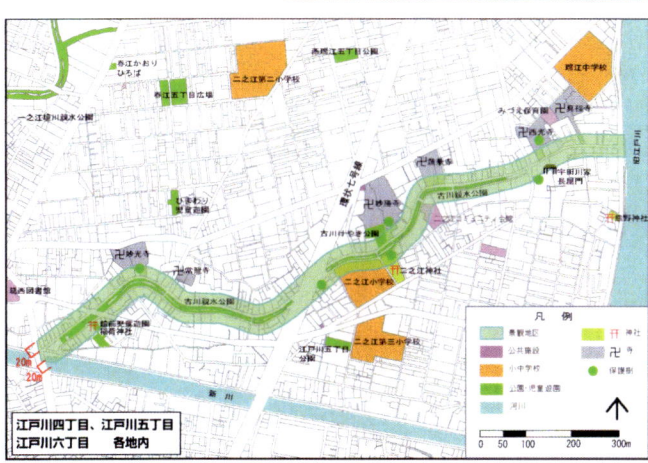

図1　区域図と対象範囲（「景観まちづくりガイドライン」より）

▶第2部　親水事例編

A街区 活気や賑わいの感じられる街並み
新川との回遊性を図り、古川親水公園の水と緑豊かな良好な環境と一体となった土地利用を誘導しつつ、人々が賑わう魅力的な街並み景観の形成を目指します。

E街区 親水公園と旧江戸川をつなぐ緑化空間の街並み
古川親水公園と旧江戸川をつなぐ、連続性をもたせた緑化空間の形成に向けた、街並み景観の形成を目指します。

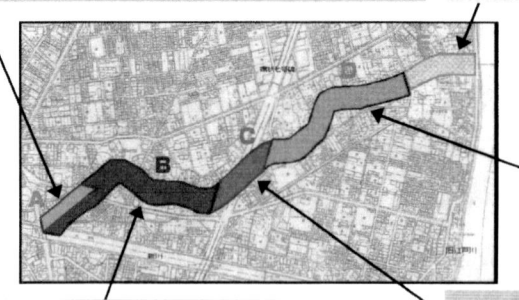

D街区 風格とふれあいの感じられる街並み
古川親水公園や周辺の緑化空間を軸に、低層建物を中心とした良好な沿線景観を維持し、社寺などの歴史的環境資源を活かした落ち着きと風格のある街並み景観の形成を目指します。

B街区 風格と親しみの感じられる街並み
古川親水公園や屋敷林等の周辺緑化空間を中心とした良好な沿線景観を維持し、親しみと風格の感じられる街並み景観の形成を目指します。

C街区 親水公園の玄関口となる街並み
環状七号線沿道は、古川親水公園の水と緑豊かな景観への配慮とともに、親水公園の玄関口として、空の広がりが感じられる街並みを保全しつつ、良好な街並み景観の形成を目指します。

図2　街区区分と景観まちづくり方針（「景観まちづくりガイドライン」より）

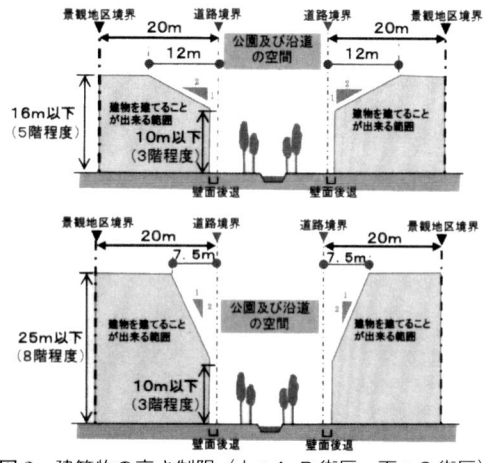

図3　建築物の高さ制限（上：A, B街区　下：C街区）

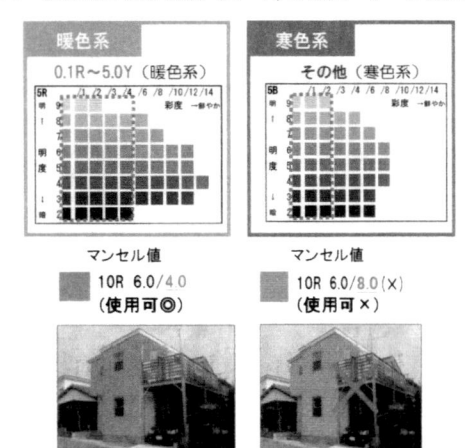

図4　建築物の色彩制限
（高さ<10mかつ延べ床面積<300m²の場合）

い場合には、屋上緑化や建物形状等を景観に配慮した場合も認められるとしている。

④ 建築物の用途［地区計画］

健全で良好な市街地を形成するため、下記のように地区の環境を悪化させるおそれのある建築物の用途を制限している。

表1　街区ごとの用途制限

街　区	用途の制限
B街区	ホテル，旅館，ボーリング場，スケート場，床面積500 m²を超える店舗・飲食店，床面積200 m²を超える倉庫等
A街区 C街区（環七西側）	ラブホテル，マージャン屋，パチンコ屋，ゲームセンター等の遊戯施設

⑤ 敷地面積［景観地区］

小さい宅地が増えることなく、ゆとりある住空間が維持されるよう、敷地面積の最低限度を100 m²としている。

⑥ 壁面の位置の制限（沿道部）［景観地区］

沿道に緑の潤いを感じられるように、沿道部では、建物の壁面の位置を道路境界から50 cm以上後退させるとしている（図5）。

⑦ 壁面の位置の制限（角敷地）［地区計画］

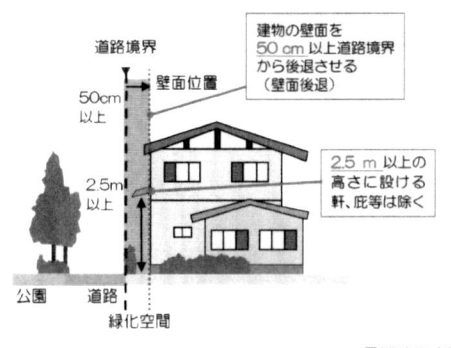

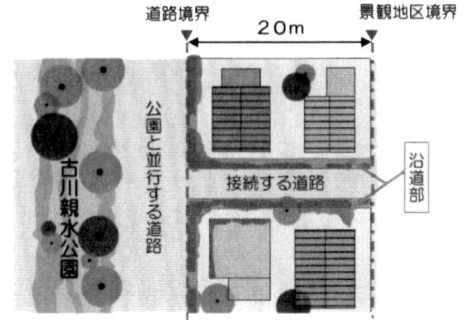

図5　壁面の位置の制限

図6　屋外広告物の総面積・高さの制限
ABDE街区：S（総面積）≦ 10 m²　H（高さ）≦ 5 m
C街区　　：S（総面積）≦ 20 m²　H（高さ）≦ 10 m

角敷地では，敷地の隅を頂点とする二等辺三角形の底辺の長さ2mの線から後退して建物を建てるとしている。

⑧ 垣・さくの緑化［地区計画］

沿道を緑化し，親水公園との一体的な緑が感じられるよう，道路に面した部分に垣またはさくを設ける場合は，生け垣またはネットフェンス等に緑化したものとするとしている。

⑨ 付属設備の考え方［地区計画］

付属設備は沿道から目立たない位置に配置する，建築物本体と調和した色彩やデザインにする等，景観に配慮するとしている。

⑩ 屋外広告物［地区計画］

設置目的，設置場所，派手な装飾，色彩，総面積・高さ等，それぞれの制限をしている（図6）。

● おわりに

江戸川区では，一之江境川親水公園に続いて古川親水公園沿線においても景観地区を指定したわけだが，景観まちづくりにおいて地域特性を表わす意味でこのような指定は極めて有効な手段といえよう。

古川親水公園の場合には，「景観ガイド」を作成し，その中で，ルールで決められたことをより効果的にかつ地域に根づいた取組みとするために，①知ってもらうための情報発信，②自然を守り花や緑を増やし育てる，③まちをきれいにする，④コミュニティ活動を進める，といったことをしていくとしている。今後，それらをいかに具体的に実践・展開していけるかが，良好な景観形成を図るうえで大きな鍵となる。

［上山　肇］

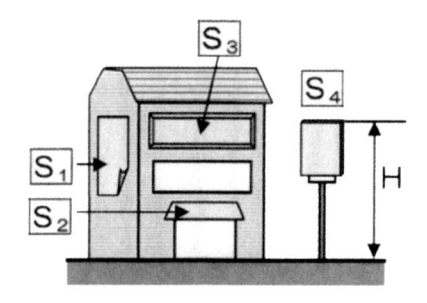

注1）本書では，この計画における位置づけから「古川」を河川としている。

注2）マンセル値は，JIS（日本工業規格）で採用されており，建築業者・塗装業者なども理解しやすい値。色彩を，色相・明度・彩度の三つの組合せで表現する。

《参考文献》

1) 上山肇：地区まちづくり政策の理論と実践―良好な市街地環境形成の実効性を確保する地区まちづくりに関する研究，法政大学学位論文（政策学），2011
2) 上山肇ら：実践・地区まちづくり，信山社サイテック，2004
3) 江戸川区：古川親水公園沿線地区 景観まちづくりガイドライン，2012

鴨川（京都府）　都市の縁（ふち）を彩る水辺文化の作法

● みそそぎ川：鴨川を流れるもう一つの川

　鴨川の納涼床といえば，風物詩として，京の夏を代表する風景となっている。床下の高水敷を流れる通称「みそそぎ川」の上を吹く風は思いのほか涼しく，日中の日差しに火照った体を風に冷ましつつ，料理や酒の宴に興じたり，鴨川や遠くの北山・東山，その手前に連なる甍の波を眺めるのも，一つの楽しみ方である。他方，例えば四条大橋のたもとから，そうした楽しみに興じる人々や高水敷を散歩する人々，川辺に寄り添う人々を，納涼床や料亭の家並み，「地」となる山紫水明と一体的に眺めるメタ・ランドスケープもまた，この場所の風景の面白味の一つと言えよう。

　みそそぎ川は，鴨川の高水敷を流れているため，河川管理上は鴨川と一体に扱われている。一見，河川内の高水敷上をまた川が流れているのは，不思議に感じられる。なぜこのような川の姿になったのだろうか。その起源は近世初頭にまで遡るといわれる納涼床と鴨川・みそそぎ川について，その歴史的経緯を簡単にひも解いてみよう。

● 河川断面の変遷とみそそぎ川・納涼床

　鴨川は古来，暴れ川であり，その流路は不安定で，市街地と河川との境界は不明確であったらしい。ある意味，都市のはずれ，縁（ふち）に位置する河原は，都市の周縁でその社会的秩序からはみ出ざるを得なかった者たちが繰り広げる，芸能の場ともなっていたのだろう。このころの納涼は，祇園会の定められた期間に行われる年中行事であったとされるが，その形態は現在のそれとは異なり，持ち運び可能な簡易な床几形式の床で，中州や河原に設置して，飲食や芸能を楽しむ場であったようである。洪水が起これば床几が流されるのは覚悟の上，ということだ。

　市街地と河川との境界が明確化しはじめたのは，1669年にはじまった築堤により石積み護岸が築かれ，ある程度川幅が固定されたことによる。都市の側からみれば，これによってある程度の流水制御が可能となって，市街地の発展も促されたであろう。他方，河川の側からみると，護岸の築造により流路が安定した一方で，堤防上と水面との距離がやや広がったため，このころから高床式の納涼床が見られるようになったとされる。中州

第2章 河川の親水

図1 江戸期の納涼の様子
（出典：四条河原夕涼其一（都林泉名勝図会））

での床几形式の納涼床は，茶屋等の仮設的な店舗を中心にして増えていったと考えられている（図1）。

その後，明治から大正・昭和初期にかけての琵琶湖疏水や京阪電車の建設，河道改修による河床の浚渫，低水路内の中州の除去等により，徐々に納涼床の設置位置も整理されていった。みそそぎ川が現在の位置に明確に形として現れてくるのも，この時期だとされる。

そして，1935年の集中豪雨，いわゆる「鴨川大洪水」後の河川改修によって河床がさらに2m程度掘り下げられるとともに，床止め工，河道拡幅，橋梁架設等の工事が進められて1947年に竣工し，現在の鴨川の河川断面となった（図2）。

ところで，みそそぎ川が高水敷を流れている理由は一体何だろうか。大正期に河道改修が行われた際，中州が除去され，流速が速くなった河道内に直接床几形式の床を出すことが禁止された。また，右岸側に計画された高水敷によって鴨川の水面が遠のき，納涼床を出すことができなくなることを危惧した木屋町・先斗町の店々が，1927年，「夏の納涼床下に清水を通ずるなどの設備されたし」との陳情を京都府に対して行った。これが実を結び，右岸高水敷の最も堤防寄りの現在の位置に，みそそぎ川が開削されたのである。

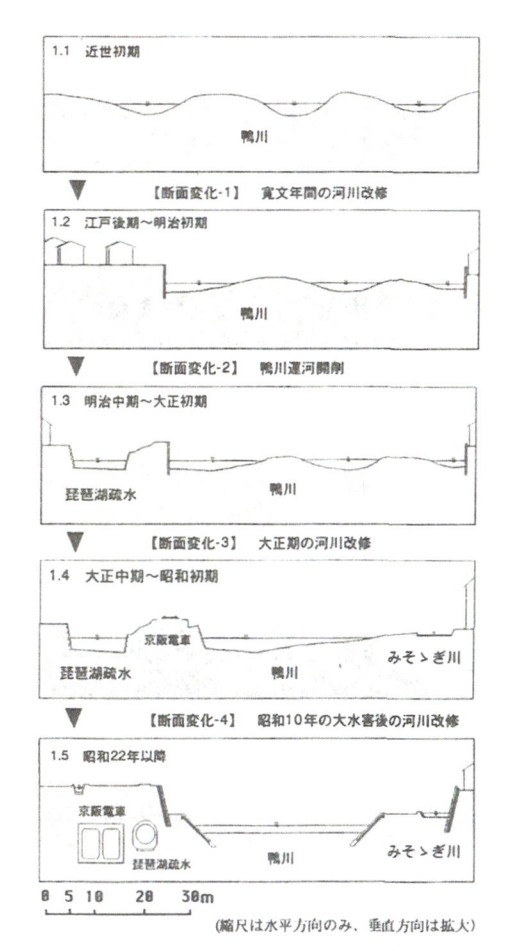

図2 鴨川四条河原付近の河川断面の変遷[1]

● 納涼床：鴨川の風致維持の取組み

明治期以降，それぞれのお茶屋や料亭が趣向を凝らした納涼床を設置し，風致上，不体裁を極めた時期もあった。1923年には，「鴨川河川敷一階占用並びに工作物施設の件」と題する納涼床の設置基準が通達された。戦時中は，灯火管制，遊興禁止，営業自粛等により途絶えた時期もあったが，戦後の1950年には数件が設置出願をしている。しかし，鴨川の風致を破壊するようなものが出されたために，1952年には「鴨川納涼床許可標準」が，河川占用にあたっての景観上の基準として策定され，それ以降これに則った指導が行われてきた。また，1953年，「鴨涯保勝会」（現京都鴨川納涼床協同組合）が発足し，バーやカフェ

等の新しい営業形態に対応しつつ，この伝統文化の発展的な継承や風致保全のための活動を行ってきた（**写真1・2**）。

昨今，この「標準」と実態の乖離や齟齬が生じてきたため，新たな景観誘導，基準づくりの必要性が指摘されてきた。2007年7月に公布された「京都府鴨川条例」では，「鴨川納涼床に関する審査基準の制定」が位置づけられ，「鴨川納涼床許可標準」を改訂，新たに「鴨川納涼床審査基準」が策定されるに至った（**図3**）。

なお，河川占用の手続きはこれまで，「鴨涯保勝会」（任意団体）が一括許可の窓口を担ってきたが，現在，同組織は「京都鴨川納涼床協同組合」（法人格）となり，対外的な法的安定性や対内的な規律の徹底を図るなど，運営体制の強化を図っている。

「鴨川納涼床審査基準」では，隣同士の床や手すりの高さの連続性・統一性への配慮，床や手すりの素材・色彩・意匠の配慮，高水敷利用者に与える圧迫感に配慮した床設置位置のセットバック等，日常的なアメニティ（景観・利用）に対する配慮だけでなく，流水方向には原則筋交いを入れない，床の高さは計画護岸高さより高くする，洪水時に床が万が一流された場合に，母屋（店舗）まで一体的に被害を受けないように，床と母屋の接続は渡り廊下形式とするなど，洪水時（非日常時）への配慮の視点も当然盛り込まれている。

● **もう一つの仕組み：高瀬川**

みそそぎ川が高水敷に流れているのには，もう一つの理由がある。それは，この流れが，鴨川に代わる運河として1611年に開削された高瀬川への導水の役目を担っていることによる。

大正期の河床整理に伴い鴨川からの取水が不可能となった高瀬川は，みそそぎ川から取水するようになったのである。

舟運のための運河として開削された高瀬川は，1920年にはその役目を終え，埋立ての計画もあった[3]。しかし，住民運動により保存され，今も木屋町の賑わいを水面に映し続けている。

荒神橋上流辺りで鴨川から取水されたみそそぎ川は，二条大橋下流で高瀬川に分水される。この分水堰は，みそそぎ川，高瀬川の水位調節を行う唯一の重要な堰である。ここから分水された水は，高瀬川開削の功労者・角倉了以（1554-1614）の別邸跡と伝えられるお屋敷（現料亭）に設えられた庭園の遣水となる。その水量は大きく，『京華

写真1 明治期の納涼床（三条大橋下）
（資料提供：国際日本文化研究センター）

写真2 現在の納涼床（四条大橋より撮影）

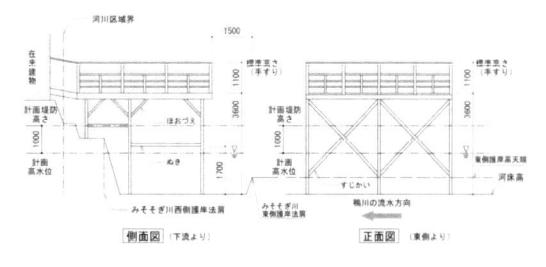

図3 現在の納涼床標準断面（木材使用時）
（出典：鴨川納涼床審査基準に係るガイドライン[2]）

林泉帖』には「京都に於て流川の大なる林泉は之を第一とすべし」と紹介されている。こうした庭園における水利用も，上述の分水堰による水位調整がそれを可能にしているのである。

水位が安定し遣水化した高瀬川は，京都随一の盛り場「木屋町」を流れる。川沿いに「池洲町」(**写真3**)の町名があるが，これはかつて，高瀬川の水を引き入れた邸内の池洲から魚をさばいて料理する「池洲料理屋」が軒を連ねていたことによる。30年ほど前まで，こうした趣向の料理屋が残っていたが，今は町名にその名残をとどめるのみとなっている。

高瀬川沿いでは，水面ギリギリまで床高を下げて建てられた安藤忠雄氏設計のTIME'Sビル(三条木屋町)が有名だが，最近は三条通を挟んで向かい側にも同じような趣向のビルが建って，飲食スペースを提供している(**写真4**)。

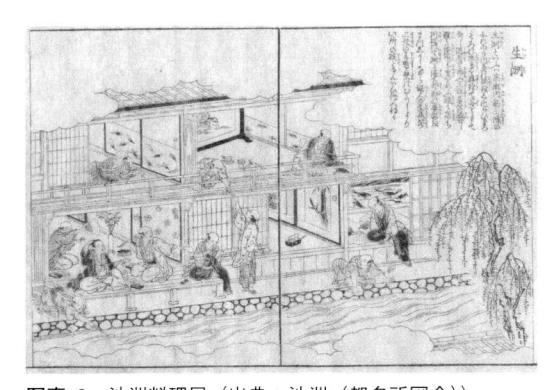

写真3 池洲料理屋（出典：池洲（都名所図会））

写真4 高瀬川沿いの新しい飲食店

● 都市の縁(ふち)を彩る水辺の作法

鴨川は，古くから京の名所として知られ，多くの人々に親しまれてきた。これほど愛され続けてきた川もめずらしいかもしれない。名所の格別な風景，納涼床や先斗町・木屋町の食文化と遊興（社交）文化，昼夜のまちの賑わい…それらは，時に猛威をふるう自然に安易に背を向けず，自然を手懐けながら巧みに利用する「遣水的利用」と，都市－自然の縁を見事に媒介するみそぎ川という技術的・文化的装置によって支えられている。

幾多の変遷を経つつ，文化としての粋が今日まで継承されてきたのは，さまざまな知恵や技術に支えられた生活文化が，目に見える風景として長く醸成されてきたからだろう。都市の縁を彩る文化的作法，自然との「間(ま)」の取り方[4]の一つの範がここにある。

機能という名の概念的意味の付与は，わかりやすさという意味での強い説得力を持つものの，我々が意識しないままに否応なく場所・生活の抽象化を迫る。それに歯止めを掛けられるかどうかは，我々の場所への参加（活動・文化）を，誰の目にも見える風景として，いかに形にし，共有することができるかにかかっているのではないか。

[山田圭二郎]

《参考文献》

1) 田中尚人・川﨑雅史・山田圭二郎・牧田通：河川におけるアメニティの変遷に関する研究—京都鴨川の納涼床を対象として，土木計画学研究・講演集，第21巻第1号，1998，pp.219-222
2) 京都府・京都土木事務所：鴨川納涼床審査基準に係るガイドライン，2008（2009.5改訂版）
3) 伊従勉：都市河川の隠蔽 1919年京都市区改正設計騒動，人環フォーラム，第21号，京都大学大学院人間・環境学研究科，2007，pp.38-41
4) 山田圭二郎：「間」と景観—敷地から考える都市デザイン，技報堂出版，2008

都賀川（兵庫県）　親水性と安全性

● 都市型集中豪雨の発生と親水公園

　1980年代以降に新たに登場した「親水」の概念は，それまで治水や利水といった目的や受益者が限定された水の利用形態から，市民の利用やこれに伴う安らぎ等の心理・環境面に広く供されるようになったことがその特徴となっている。現在では，こうした認知は広く得られるようになっているが，一方で，都市部においては近年，ゲリラ豪雨と称される未曾有の降雨が相次ぎ，人命が失われる事態も生じている。

　ゲリラ豪雨の用語自体は，マスコミにより1970年代から用いられていたものの，近年その現象が頻発していることから再注目され，予測困難で局地的かつ激甚性の高い豪雨に対して用いられるようになっている。その特徴は，主に都市部で発生し，10 km四方程度の極めて狭い範囲内で短時間に1時間当たり100 mmを超えるような猛烈な雨が降る点にあることから，想定以上の速さで河川が増水し，対応策を講じる前に家屋や人命に被害を及ぼしている。「親水」を冠する都市域での水辺の存在は，ゆとりや潤いをイメージさせる貴重な自然空間要素としての機能を有している一方，豪雨時には洪水等の「災害をもたらす空間」となることも併せて留意する必要がある。

● 都賀川の概要と河川環境整備

　都賀川を有する神戸市の既成市街地は，六甲山系を水源とする中小河川が数多く貫流している。表六甲河川と称されるこれらの河川は，山地からの土砂流出量が多く，急勾配で河川幅が狭いという特徴を持っており，過去の水害を契機に石積み護岸による河川の捷水路化が進められた。六甲山系南部の既成市街地は，山手に居住地，臨海部に港湾・工業地，中間部に住商業地が混在する土地利用が展開している。これらはそれぞれ東西に細長く広がっており，南北を流れる表六甲河川とほぼ直交している。

　第二次世界大戦後の神戸市の復興都市計画においては，この南北に流れる河川を公園化し，緑地軸を形成することで地域間の連携を形成する格子状の市街地構成が基本計画に盛り込まれ，都賀川もこの一環として整備が進められた経緯を持つ。

● 都賀川の水難事故

2008年7月28日，神戸市灘区を流れる都賀川において川遊びをしていた小学生ら5名が豪雨により増水した濁流に流され死亡する事故が発生した。市街地を流れる都賀川は，都市化の進展とともに一時期は排水やごみ投棄などにより悪臭の漂う河川であったが，1976年に「清流を取り戻し，子供たちが水遊びのできる美しい川を次世代に引き継ぐ」ことをスローガンに「都賀川を守ろう会」が結成されている。同会の活動により河道内の親水整備が進められ，現在では河川清掃活動やアユの放流などの環境教育も，市民主体で実践されている。地域住民の憩いの場ともなっている同河川は，しかしその地形的特性上，後背に急峻な山地地形を持ち，河口までもわずか3km弱の流路しかないため，降雨時には集水しやすい構造となっている。同日のライブカメラ映像（**写真1**）には，濁流発生の直前まで水遊びをする親子連れが写っているが，雨の降りはじめから10分間で1m以上も水位が上昇し，30分後には濁流となって流下した様子が記録されている。

● ハードの事故要因と対策

都賀川での急激な増水は，地形的な要因のほかに周辺住宅地の地下に整備された18か所の幹線から雨水が直接河道に流れ込む構造になっていることもその要因として考えられる。これは，1938年に発生した阪神大水害を教訓に，市街地に水がたまりにくい構造とすることを目的として整備が進められたものである。しかし，神戸市と同様，都市型水害の頻発地である東京都の中小河川施策の特徴は，地下に巨大な貯水池・排水路を横断的に建設することで河道への直接的な流入量を制御しており，洪水災害からの一定の安全性を保っている。また，自治体の補助による家庭用の雨水貯留タンクの設置推進により，一気に雨水が流れないための対応も進められている。

都市に存在する河川は安全性が担保されてこそ親水空間としての意義を持ち得るため，降雨に対しては河川単体ではなく，地域でそれを制御する「面的」な対応が重要であると考えられる。

● ソフトの事故要因と対策

本事故の発生前の13：20に大雨洪水注意報が，13：55には大雨洪水警報が神戸気象台より発令されている。当時，都賀川においても，携帯電話のQRコードから情報を取得するシステム（**写真2**）や河道内において水位警告看板（**写真3**）は設置されていたものの，避難を勧告するための警報装置は設置されておらず，結果的に逃げ遅れの事態を招いたことが指摘されている。全国的にも「親水空間」となっている都市部の河川において，警報装置を設置している事例はほとんどないことが事故後の調査で明らかになっており，注意を喚

写真1 都賀川ライブカメラ映像
　　　　（上：7月28日 14：20，下：14：50）

写真2　携帯電話用情報発信

写真4　河川へのアクセス

写真3　河道内水位警告板

写真5　渡石に刻まれた溝

起するための音声，電光掲示等の設置が急がれている。また，近年では水害を直接体験した人自体が減少しており，その体験を継承しにくくなっていることが懸念されている。そのため現在では全国の多くの学校教育の現場において，着衣泳による体感的な洪水時の避難行動対応の取組みも進められている。

● 親水公園と防災：阪神淡路大震災の教訓

　都市における河川は，洪水という危険な要素を持つ一方，地震災害時には避難空間として機能する特徴を持つ。

　都賀川においては，近年にかけて段階的に河川に降りるためのスロープ（**写真4**）や，魚道などが整備されていたため，1995年に発生した阪神淡路大震災の際には，近隣の住民の一時避難場所として利用されたほか，市街地の火災に対するバケツリレーによる消火活動も展開されたことが知

られている。また，震災を経験した都賀川では，「緊急時に都市災害から市民を守る川づくり」の一環として，河川内の渡石には溝が刻まれており，止水板等を差し込むことで，水を一時的に貯留し，緊急時の生活用水としても活用できるよう工夫されている（**写真5**）。

● 新たな指針の策定と防災対策の強化

　都賀川では，2008年の事故後，赤色回転灯や警報装置などを設置し，洪水発生が懸念される気象状況において注意を呼びかける取組みを行っているが，2012年7月21日に再び，急な増水により河道内にいた約50人が増水に巻き込まれそうになった事例が生じた。これを教訓として，急遽，洪水発生時の避難が遅れる可能性がある河道内でのバーベキューの自粛が新たな指針として盛り込まれた。

　この詳細な経緯をたどると，当日の午後0時

48分に大雨洪水注意報が発令された直後に，灘署の警察官により，署員が河川敷でバーベキューをしていた学生23人と家族連れ6人を避難誘導している。しかし，数分後に増水した濁流により，学生たちがいた場所が冠水している。また，この直後にも，下流の橋で雨宿りをしていた子供ら約25人を消防隊員が避難させているが，すぐに同地に水が押し寄せ，自転車約10台が押し流されている。

兵庫県は，2008年の事故以降，大雨洪水注意報・警報が発表されると作動する回転灯14基を橋の側などに設置し，注意を呼びかける看板86枚を掲示している。2012年の夏からは，注意報・警報発令時に危険を知らせる電光掲示板がさらに2か所に新設された（図1）。

しかし，今回の増水時も，回転灯や電光掲示板が作動していたにもかかわらず逃げていない人が多く，兵庫県は新たな利用指針として，利用者の避難の妨げとなるバーベキューやテント設置などの自粛を要請し，増水時に回転灯が作動した際，早急に逃げることや避難しない人がいれば行政機関への通報も求める新たな対策を策定した。本指針に法的拘束力はないが，兵庫県知事の定例会見では，条例化などで規制を検討する方針が明らかにされており，同様の形態を持つ住吉川（神戸市東灘区）などについても利用実態の把握を進め，ルールづくりの検討が進められている。

本来，水に親しむ場である「親水公園」は，一方で自然地形等に起因する降雨時の集水の場となることから，危険性も同時に有している。行政の対応においても，多重防災の取組みとして，ハザードマップの全戸配布や防災訓練の実施，警報装置の拡充を行っている。一方，個人の対応としては，近年では，スマートフォンの普及により，アプリケーションとして任意の地点の降雨予測や実況をリアルタイムで取得することが可能になるなど，新たな情報の取得や操作のあり方に議論がシフトしてきている（図2）。河川利用に際しても，レ

図1　都賀川の増水注意を呼びかけるチラシ

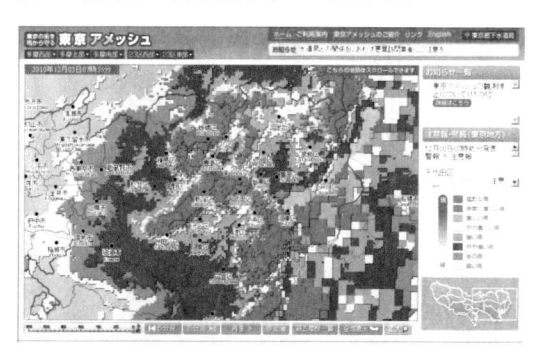

図2　広域降雨状況配信システム（東京アメッシュ）

クリエーションとしての情報取得と同時に，こうした災害時の情報の活用も重要である。

しかし，近年の気象災害では，想定以上の被害が発生することが多く，より個人防御のための心構えや具体的な対応方策も必要になっている。

安全な水辺のある空間を担保するために，ハードの側面では，特に都市部において，長期間かつ多大な工事費をかけ，継続的に放水路や地下河川（排水路）を新たに建設するなど，さまざまな取組みも進められている。

［坪井塑太郎］

荒川（埼玉県） 水屋・水塚と被災文化

● 減勢治水

　国土交通省では，先に公表された「21世紀の国土のグランドデザイン」（1998年3月閣議決定）の中で，流域圏の考え方に基づき河川流域とそれに係る水利用地域，氾濫原を含めた一体的な地域整備の重要性を唱えるとともに，「水の共同体」の概念を提示した。この概念では，国土の持続的な利用と健全な水循環の回復を図るための方策として，流域圏ごとの歴史的，風土的な特性を踏まえて，河川，森林，農用地などを総合的に整備展開することが提唱された。また，河川審議会においても，大洪水などの想定を超える災害が生じた場合，その被害を最小限に食い止めるための多様な方策を講じる「危機管理対応型社会」の構築が急務であるとしながら，併せて地域の個性ある風土や文化を生かした「地域個性発揮型社会」の実現を求めることを含めた提言を行っている。加えて，古来より培われてきた水防のための「ヒト・モノ・知恵」を軸とした河川伝統技術の有用性についても再認識することが肝要であるとして，霞堤や輪中堤，水屋，水塚などの河川伝統技術を基軸とした技術・生活・文化を含めた幅広い視野の下に，河川整備を行うことが必要であるとしている。

　一方，近年，水辺空間の持つ環境保全機能や親水機能への認識が高まるなかで，各地で親水性に富んだ河川や海岸，公園などの水辺空間整備が積極的に行われ，都市内に水辺を取り入れようとする動きが活発化している。こうした背景には，人々の快適な暮らしにとって水辺が貴重な空間であること，さらに，「水のある空間」が「緑のある空間」と同様に有効な環境改善機能を具備することが広く認知されるに至ったことがある。その一方では，治水整備が進んでも依然として局所的大雨や内水氾濫などによる洪水被害が多発している状況がある。これは予想を超える雨量による中小河川の氾濫や，氾濫原の宅地開発や市街化に伴う雨水の排水不良による内水氾濫の増加が原因と思われる。そのため，行政が行う治水整備だけでは限界があり，行政と住民が一体となって対策を講じたり，減災的指向を持つことや，減勢治水に表されるような自然の力を受け流すことで，洪水を受容するような，柔軟な考え方も必要になってきている。

　これまでの被災経験に基づき，洪水や水害に対処している地域は各地にある。こうした地域には，流域に住むことのリスクから芽生えた「被災文化」

があり、そこでは個人や地域が風土に即した暮らしを営み、水害は起きるものとして生活の一部として捉え、その備えを二重三重に行ってきていた。

しかし、都市化の進展や生活様式の変化、高齢化、混住化および集水域でのダム建設等が、各地域社会のあり方に対して、大きく影響を及ぼしていることも否めない状況にある。

● 水屋・水塚・段蔵

水辺の近傍に住むということは、洪水や浸水など水災の脅威に曝されるリスクが付きまとうが、一方では水辺特有の親水性に富む快適性や安らぎ感を得ることができる。そのため、古来から水災を防ぐための伝統的工法として輪中堤、囲堤といった堤が造られ、その中に形成される各屋敷においては、冠水を回避するような水屋、水塚と呼ばれる建物が建てられてきた。そして、避難のための揚げ舟や浸水から財産を守る行為としての水かたずけと称される行為などがなされてきていた。

水屋・水塚については、浸水による被害を防ぐために嵩上げされた屋敷内にあって、さらに基壇を設けることで、主屋よりも若干高い場所を確保することで、家財道具や食糧の保管および避難場所としても利用できる場を生み出してきていた。この水屋、水塚の呼び方は地域により、水倉、水蔵、段蔵などとも呼ばれるが、その役割や機能は同じものであり、主に信濃川流域、利根川流域、大井川流域、木曽三川流域、淀川流域など、かつて洪水常襲地帯と呼ばれた河川流域において見ることができた。水屋の基本的な構成は、2階建ての場合、1階部分には非常用の米、麦、味噌、醤油などを保管する食糧貯蔵庫的機能を持たせ、2階部分は洪水時の避難生活用居室または家財道具などの保管場所としての役割を持たせていた。また、比較的大きな水屋を屋敷内に持つ地主の場合、浸水被災後に周辺住民に対して水屋を開放し、避難

写真 1 水屋・水塚

場所としての場の提供や食糧を配給したりした。ただし、近年、治水整備が進むことで、こうした水屋の必要性が薄れてきている地域も多く、その姿が消えかけている場所も多い。現存するものにおいても、水屋に求める基本的機能を避難生活のための居住場所としながらも、平常時は隠居部屋や離れとして利用するなど、日常生活における居住空間としての使用も多数見られ、使い方の面で変化が見られるようになってきた。さらに、都市化の進展は水屋、水塚のある屋敷のあり方において、変更せざるを得ない状況（屋敷林から出る落ち葉処理の問題で屋敷林伐採が増えた）を生み出してきており、かつての屋敷が生み出してきた町並み景観を大きく変貌させてきている。

● 水屋・水塚の効果

水屋・水塚を持つ屋敷内では、主屋と付属屋（風呂・便所・納屋など）が基本的な配置構成を生み出し、そこに水屋や水塚が配されるが、日常生活に影響しない場所に置かれる場合が多い。また、屋敷林を持つ場合も基本的に北西に設けられるため、屋敷内の建物配置には影響を与えない。ただし、主屋、付属屋、水屋・水塚については、それぞれ地盤面からの高さに違いを見ることができる。

この高さに現れる差異は、洪水時における役割や機能的な対応の違いによるものであり、地盤面からの高さは付属屋、主屋、水屋・水塚の順で高

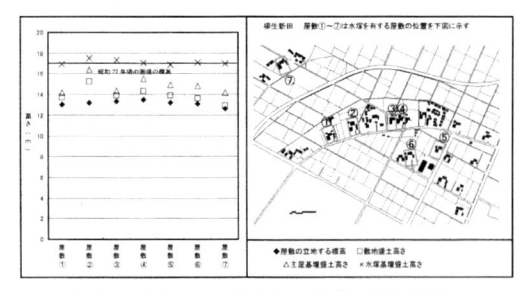

図1 北埼玉郡北川辺町柳生新田集落の計測結果

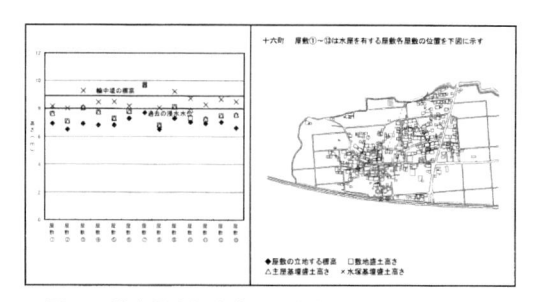

図4 岐阜県大垣市十六町集落の計測結果

図2 新田集落内の屋敷断面

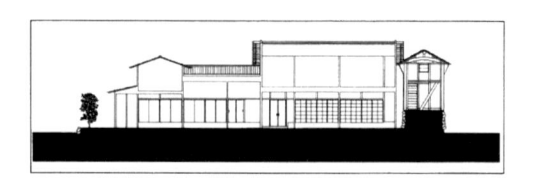

図5 十六町集落内の屋敷断面

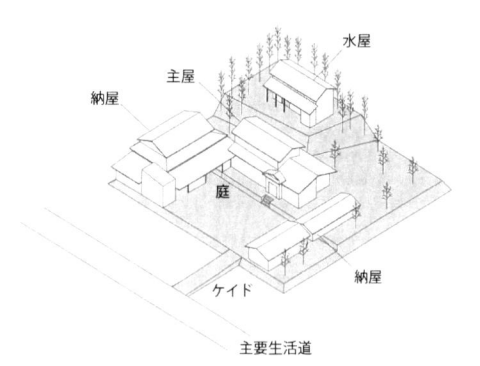

図3 新田集落内の屋敷の構成

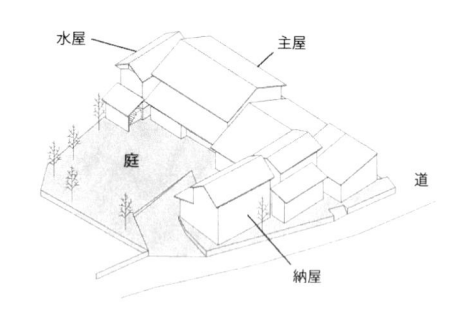

図6 十六町集落内の屋敷の構成

くなる。図1に埼玉県北埼玉郡北川辺町柳生新田集落における7軒の計測結果を示す。これをみると各屋敷の敷地盛土高さ，主屋基壇盛土高さ，水塚基壇盛土高さは，若干差異は見られるものの，道路面からは概ね敷地盛土は1m程度，その上の主屋の基壇盛土は30cm程度盛られているが，水塚基壇盛土は，1mから2m程度の盛土となっており，洪水時でも水災を被らない位置を確保していることがわかる。反対に主屋の盛土は最小限の高さを確保することで，日常生活における段差の支障をなくすように配慮していることがわかる。

また，敷地盛土，主屋基壇盛土，水塚基壇盛土といった三つのレベル差を持たせた盛土は，洪水の経験から，浸水の影響を短・中・長期に分けることで，その高低差を生み出している。一方，各屋敷の標高基準面（道路面高さ）と屋敷内の最高盛土高さを合算すると，1947年当時の囲堤（利根川流域での輪中の呼称）の高さとほぼ同等であることがわかる。このことからも水塚は水災時にも水に浸かることのないように，絶対的な避難場所とされていることがわかる。一方，図4は，岐阜県大垣市十六町集落の13軒の計測結果である。これをみると，敷地は1m程度の盛土で，主屋基壇盛土は柳生新田と比べて，ほとんど盛土されていないことがわかる。また，水屋基壇も1m程の盛土であることがわかる。各屋敷の標高基準面と屋敷内の最高盛土高さを合算した値をみると，わずかに輪中堤の高さを超えるものが見られるが，多くの屋敷は過去の浸水水位を超える程度の高さで盛土されていることがわかる。最も高

写真 2 屋敷と水屋・水塚との関係

い屋敷は，農地解放以前 30 町歩を有した屋敷で，敷地全体を 2 m 盛土し，輪中堤より 70 cm 以上高くなっている。

こうした結果から，両集落を比べると，柳生新田集落では，建物の役割や機能に基づき段階的に盛土しているのに対して，十六町集落では，屋敷の敷地そのものの高さを比較的高くするとともに水屋の基壇を高くすることで，屋敷内における段差をなくしていることがわかり，日常生活における利便性を考慮しない・するといった考え方の違いがみて取れ，洪水災害に対する考え方の違いが表れている。

● 水災への取組み

洪水や浸水を被る地域では，物理的な水災への備えとして輪中や水屋・水塚，揚げ舟などが設けられているが，その一方で，地域住民自らが水災への備えを習慣として日常生活の中に取り入れたり，水防に対する取組みを行うことで，水災被害の最小化に取り組んでいる。そのための基本的な考え方は，集落を守る輪中を共有の財産として位置づけ，その維持管理のために独自の規範を設け，その規範を通して連帯意識や地域内でのつながりおよび帰属意識を養うことで公共的意識の醸成が図られてきた。また，地域によっては，住民一人一人の水災に対する取組みとして，浸水からの財産の保全，避難生活のための準備，避難行為，浸水後の復旧作業といった段階的な行動行為についての行動規範が定められていたり，日常生活における備えや生活習慣による備え，伝承・経験から得た知恵・教えなどを遵守するための取組みのほか，集落内の住民同士が共同作業に従事したり，共通の話題を持つことなどを通して，地域内の連帯意識を生み出し，相互扶助など規範意識の継承がなされてきていた。しかしながら，河川改修や堤防整備など公共による治水整備が進むことで，古来から培われてきた住民自らの地縁的・自治的水防活動は消滅を余儀なくされ，水災への取組みを通して培われてきた地域社会の形成が，皮肉にも行政や堤防整備に依存する状況になり，次第に希薄化するとともに，伝統的な技術も消えかけてきており，被災文化は消滅の途にある。

[畔柳昭雄]

《参考文献》

1) 播磨一・畔柳昭雄：洪水常襲地帯に立地する集落と建築の空間構成及び水防活動に関する調査研究—利根川流域と揖斐川流域に立地する集落の比較，日本建築学会計画系論文集，第 569 号，2003，pp.101-108
2) 石垣泰輔：淀川沿いの伝統的な水害対策法—水屋・段蔵の効果について，河川，日本河川協会，2002
3) 横田憲寛・青木秀史・坪井塑太郎・畔柳昭雄：荒川流域における水屋・水塚の分布状況に関する調査研究—洪水常襲地帯における洪水に対する伝統的方策に関する調査研究その 1，日本建築学会大会（北海道）学術講演会，2013，pp.161-162
4) 青木秀史・横田憲寛・坪井塑太郎・畔柳昭雄：荒川流域における洪水に対する伝統的方策とその変容に関する調査研究—洪水常襲地帯における洪水に対する伝統的方策に関する調査研究その 1，日本建築学会大会（北海道）学術講演会，2013，pp.163-164

Columun 世界の親水事例

港湾都市・釜山の水辺（韓国）

　韓国南東部に位置する釜山広域市は，古くから港町として栄え，近年では，東アジアのコンテナ物流拠点（ハブ港）としての機能も有する，首都ソウル市に次ぐ巨大都市である。同市は，都心に隣接した複数の海水浴場が開かれており，夏季には国内外から多くの観光客が来訪することで知られている。このうち，釜山の2大ビーチと称される海雲台（ヘウンデ）と，広安里（クァンアンリ）は，元来は温泉地の一部に過ぎなかったが，1990年代半ばに観光特区として指定されて以降，海域の水質浄化や沿岸域の再開発が進められ，現在では，高級ホテルや飲食店，カジノが立ち並ぶ韓国国内屈指のリゾート地として整備されている。

　一方，天然の良港に恵まれた釜山は魚介類の取扱量も多く，釜山駅やロッテ百貨店からも程近いチャ

チャガルチ市場の景観

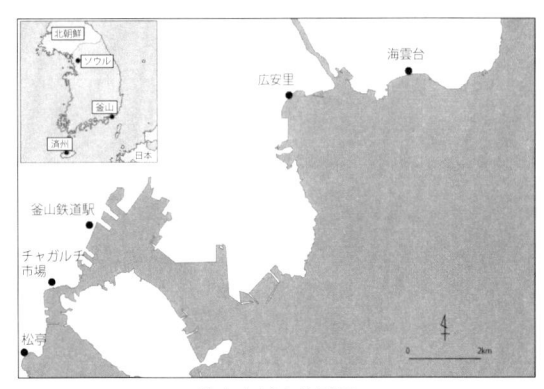

釜山広域市位置図

海雲台ビーチの景観

センタムシティ前・水営江に面した親水整備

ガルチ市場は，水産と観光の両機能を備えた有名な魚介市場となっている。同市場では，2006年にカモメが飛び交う港町を模した地下2階，地上7階の商業ビルへと建て替えが行われたほか，観光用ウッドデッキが整備され，釜山港の眺望を楽しむことができる。また，釜山国際映画祭の会場となるセンタムシティ前の水営江一帯では，親水護岸整備が行われるなど，2000年代以降，市内各所で同様の整備が進められている。同整備は，日本語の「親水」の用語がそのまま当てられており（韓国語の発音はチンス），近年では広く一般にその意味も知られるようになっている。

［坪井塑太郎］

第 3 章
湖沼・池の親水

古河総合公園（茨城県） 湿地復元・風景再生からコモンズへ

● 地相，歴史，社交が重層し交錯する公園

　茨城県古河市にある古河総合公園は，かつて「御所沼」と呼ばれる沼のあった地に，この沼地を再生してつくられた公園である。御所沼の名は，鎌倉関東府の政治的混沌と血みどろの争乱から逃れ，この地に移座した古河公方の居館・鴻ノ巣御所があったことに由来している。

　公園の敷地面積は約25 ha，古河市より指定管理者の指定を受けた古河市地域振興公社が公園の運営管理を行っている。公園は，自然地形を最下層に，古河公方の史跡をはじめとする歴史を第二層，その上で営まれる現代の人々の社交の場を第三層とする。この三層と公園を利用する市民との絡み合いによって，その場その場で紡がれる風景生成の側面が重視されている。実際，平面的なゾーニングのコンセプトでは表現し得ないだろう風景あるいは場所の奥行きや味わいが感じられる。

　中村良夫（東京工業大学名誉教授）の設計・監修になるこの公園は，2003年，ユネスコの「文化景観の保護と管理に関するメリナ・メルクーリ国際賞」を受賞した。また，同公園の設計は，太田川親水護岸の景観デザインとともに，景観や庭園のデザインに関するコレクションで知られるハーバード大学・ダンバートン・オークス研究資料館現代景観デザインコレクションに収蔵されている。

● 古河の地相と湿地転生の歴史

　湿地という場所には華やかな名所のイメージこそないが，「豊葦原中国」の神話的イメージも重なって，国土史的な時空の広がりとその襞を分け入っていくような奥深さとが共存している。古河もまさしくそんな場所だと言ってよい。

　北関東平野を流れる利根川と渡良瀬川が合流するこの付近は，房総半島から延びる下総台地がその北西端で低地に落ちていく場所で，小さな水の流れによって刻まれた谷戸（谷津）が発達し，台地端の微地形と利根川・渡良瀬川の河川後背湿地とが入り組んだ襞を織りなして，きめ細やかな地相の基盤を形づくっている（図1）。その上に，古河公方の史跡という歴史の面影が重ねられ，この場所の地相に時間的な奥行きを与えている。

　行政学者である知人が，「歴史は人に付くというより場所に付く」と言ったが，眼識ある言葉だと思う。建築も，身近な生活空間での日々の営み

第3章　湖沼・池の親水

図1　大地と湿地が入り組む古河の地文 [1]

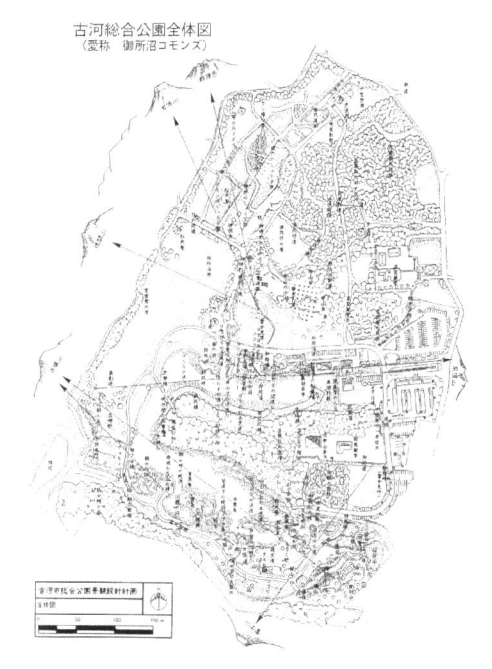

図2　公園レイアウト（地平への視線，地名）[2]

も，不特定多数の人々が関わる都市の社交も，そうした時空の広がりを持つ歴史的地相という現実態としての場所に重ねられてこそ，我々にとってより豊かな意味を持つ。そしてその場所につなぎとめられた存在として，「今，ここ」にいる私の現実的感触がある。そして，風景は，時空の広がりと，その中を自由に往還する起点としての自己との間を常に媒介するのだ。

しかしその風景は，常に変化の可能性を含みこんでいる。有為転変は世の習い。湿地の歴史もまた同様である。

利根川・渡良瀬川の合流地付近に位置するこの地は水害の頻発するところで，明治時代末期から大正時代にかけて河川改修事業が行われたものの，造られた新堤防が沼地に集まっていた地下水や地表水を遮って，周辺の集落は湛水に悩まされることとなった。この湛水の解消を目的とした埋立てと耕地化により御所沼は一旦消失する。その後，干拓された耕地も減反政策の憂き目にあって休耕，廃田となったまま長らく放置されることとなった。

● 計画・設計の経緯

古河総合公園の構想は，1972年からあり，古民家園，桃林や花菖蒲田など一部が日の目を見たものの，荒れ果てた御所沼は手つかずのまま放置されていた。その後，1989年の当初基本計画の見直しによって御所沼の復元が決定された。当時，BOD値50 mg/lと，悪臭を放つ汚れた下水と化した小川や沼地の水循環の再生からはじまった公園づくりの紆余曲折はもちろん，少年時代を疎開先の古河で過ごした中村の，この公園に懸ける並々ならぬ思いや壮大な構想を書くのは，私の手に余る。『湿地転生の記』[3]の一読をお勧めしたい。

とにもかくにも，予算，所管省庁の問題，行政とのやり取り，湿地復元や生態系再生への技術的課題等，さまざまな苦労を重ねた末に，10年近い歳月をかけて，公園の整備は完成した。

ラムサール条約の制定が1971年（1975年発効），ヨーロッパにおける自然を生かした河川整備理念の隆興も'70年代で，自然・生態系への関心が世界的に急速に高まりつつあった時期だろう。日本

写真1　管理棟からの通景 　　写真2　水辺のカフェテラス建築 　　写真3　乾坤八相の庭（片岡崩しの丘）

でもその後に，多自然川づくり，近自然河川工法など，自然や生態系への配慮が川づくりの基本となっていったし，人の営みとの関わり合いの中で維持されてきた里山や里浜，さらには文化的景観が重要視されるようになってきた。

古河総合公園の湿地復元の取組みも，こうした自然・生態系重視の世界的な流れの中に位置づけることもできようが，むしろ，日本人が古来築き上げてきた人と自然との多様な関係性を，風景の名のもとに文化化し，回復させることを中村は目論んでいた。そこには，人と自然の関係性のみならず，後述のように，社会との関係性の修復と，社会を支える主体の構築といった根本的課題までもが含まれていた。こうした目論みは，例えば，「生得の山水から有為転変の風景へ」，「市民コミュニティ回復への望み」といった中村の言葉[3]からうかがい知ることができる。

● 開かれた公園

この公園の重要なコンセプトの一つは，「開かれた公園」という考え方であろう。

第一に，開かれた空間。公園という空間の管理領域は区切られてはいても，視線を遠くにやれば，浅間山，男体山，筑波山，そして富士山といった具合である（図2）。そして，第二に，開かれた時間。冒頭に取り上げたとおり，ここは歴史的地相に開かれている。公園の中にはお墓や茅葺き屋根の家などが林間に埋め込まれているが，そこを抜ければ，現代風のガラスの建築，鉄製の橋，コンクリート製のインスタレーションのような不思議な構造物，そして「乾坤八相の庭」などが，古と現代の融合といった簡単な言葉では語り尽くせない様子で，時に鋭く対峙しながら，この公園の風景を生成していくのである（写真1～3）。まさに有為転変の風景の有り様を受け止め，また新たな風景を紡いでいく可能性を公園の利用者に委ねるように，視線の移動に伴って次々と新しい風景が生成され，揺れ動くのである。

利用者は，設計者の意図に身を委ねて一時に，自然と人工，歴史と現代とを鋭く対峙させようとする挑戦的気配をも感じ取り―彷徨うかと思えば，また，風景を紡ぎ出す主役になる。そして，場所場所で，利用者が思い思いに繰り広げる活動もまた，ごく自然に重ねられ，風景になってゆく。場面場面で繰り広げられるそうした風景との出会いが，その場所と自己との関係の新しい可能性へと我々を導いてゆくように…。公園のあちこちに散りばめられた地名碑も，我々のイマジネーションを時空の広がりへと誘う。

さらに第三に，以上をまとめれば，何よりも，利用者による風景生成の可能性と風景解釈の自由に対して開かれた公園である。例えば，「富士見塚」の当初の設計意図は，その名のとおり，富士山の展望場所であったのだが，子供たちはその芝の斜面を格好の草スキーの場所としてしまった。当初の設計意図と異なる利用は「禁止」とされがちだが，中村は「利用者はその場所の解釈権をもっている」としてそれを退け，自由な利用を許容したのである。

● **風景再生からコモンズへ**

　開かれた公園の概念と一体にあるのが，「御所沼コモンズ」の構想である。市民にこそ開かれた，あるいは，市民が新しい公園のあり方を切り拓いていく公園である。コモンズとは入会地，共同管理の地といった意味だが，ここでは，この概念を換骨奪胎して，現代版あるいは日本版のコモンズを構想したいという中村の思いがある。

　この構想実現の具体的な仕組みの一つが，「パークマスター制度」(1999 年～) である。パークマスターとは，いわば公園版の学芸員で，専属で公園の企画・運営・広報等に携わり，公園における社交を促す触媒の役割が期待された。触媒の役割と書いたのは，何でもかんでもパークマスターが取り仕切るのではなく，むしろ，市民の公園の利用や参加を促し，市民自らが公園利用の企画運営に参加し，この公園を育てる最初のきっかけづくりの役割が，パークマスターに期待された役割だったからである。実際，市民が中心となったさまざまな企画やイベント，あるいはそうした名で呼ぶような畏まった利用ではなく，日常的にごく自然な形で生まれていった種々の活動が定着しつつある。

　もう一つの仕組みは，「古河総合公園づくり円卓会議」(2003 年) である。これは，市民を含めてこの公園に関わるあらゆる関係者が一堂に会して，公園のあり方についての諸々を話し合う場で，現在も続けられている。

　歴史的地相の上で，今我々が生活を営んでいる場所あるいは風景は一体誰のものなのか？　この公園は，そんな風に我々に問いかける。この場所は自分たちのものなのだ，という市民の自覚とその自覚に基づく行動とをごく自然に促していく，そんな装置として，この場所の数々のデザインの仕掛けもパークマスターという仕組みもある。

　自己を場所に開き，他者や社会とともにこの場所に関わる市民の自覚を，中村は求めているように思える。風景は，そのための一つの重要な契機として不可欠であることを，中村は確信していたのではないか。

　一つの小さな試みに過ぎないかもしれないが，我々は，その意義や可能性を見誤ってはならない。

● **未来を担う主体を育む風景**

　湿地復元，開かれた公園と風景の思想，コモンズの構想等，この公園に学ぶべき点は多い。中村はさらに，次のような大きな構想さえ打ち出してみせている。「個々の公共事業に関連して，さまざまな自然修復を独立に行うのも結構ですが，大規模な湿地の復元を，国土のエコ・ネットワークプロジェクトとして今後推進していきながら，国土を庭園のように構想してはどうでしょう。」[4]

　公園をはじめとする公共空間の管理を市民の手に委ねようとする思想の潮流は現在，新たな公とか住民参加・協働といった文脈の中でさまざまな広がりを見せている。しかし，その取組みを単なる行政の効率的経営のための権限委譲といった安易な文脈から解放しなければならない。それはつまるところ，風景を媒介に，我々を他者・社会や場所，そして未来の可能性へと解放する試みであり，この場所の未来を担う主体を育んでゆく不断の試みなのである。

［山田圭二郎］

《参考文献》

1) 中村良夫：古河公方の天と地，あるいは乱の地文学，上田篤・中村良夫・樋口忠彦編：日本人はどのように国土をつくったか，学芸出版社，2005，pp.205-230

2) 中村良夫（研究代表者）：河川後背沼地の復元とその多目的利用に関する基礎的研究及びデザイン手法，平成 8，9，10 年度 科学研究費補助金（基盤研究（B）(2)）研究成果報告書，1999

3) 中村良夫：湿地転生の記　風景学の挑戦，岩波書店，2007

4) 中村良夫：研ぎすませ風景感覚 2 国土の詩学，技報堂出版，1999

浜離宮恩賜庭園（東京都） 汐入庭園

● 日本庭園

　日本庭園は，山紫水明のわが国の自然が織りなす風景を模倣したり，その特徴を濃縮したり，縮景することでつくりだされてきた庭園の形式であり，自然風景式庭園とも呼ばれるものである。また，日本庭園は建築との関係性が深く，亭や東屋など庭園内に設けられた建築空間には庭園とのつながりや連続性を意図した空間的配慮が見られる。

　こうした日本の伝統的な庭園について，平安時代後期に書かれた日本最古の庭園書『作庭記』では，「生得の山水をおもはえて」，すなわち，自然の山水を主題として，池を中心に配して，土地の起伏を利用したり，築山を築き，池の中には島を配し，白砂平庭，遣水，滝を構成要素としつつ，これらに泉，前栽をあしらうことで日本庭園はつくりだされるとしている。そして，日本庭園は，そこに見られる四季折々に表情を変える草木と庭園を構成する要素が相まって生み出されてくる季節のあり様・姿を鑑賞する庭園としてつくられている。また，枯山水という水を用いずに，石や砂，植栽で水面や水流を表現する庭園様式もある。こ

写真 1　枯山水

の様式では，白砂を敷いて水面に見立て，小石を敷いて，その紋様で水の流れを表す。この枯山水の登場をみても日本庭園において，水は必要不可欠な存在であることがわかるとともに，水のない場所のための演出技法が生み出されていることがわかる。

　このような自然風景式庭園は，さらに細分化すると三分類でき，浄土式庭園，寝殿造系庭園，書院造系庭園に分けることができる。このうち，浄土式庭園は，奈良時代以降の寺院に極楽浄土を再現するために造られた蓮池を中心とした庭園様式であり，寝殿造系庭園は，平安時代の貴族の屋敷の中に建つ住居の前面につくられた庭園様式であ

る。また、書院造系庭園は、室町時代以降の武士の住居の前庭として発達した庭園様式である。

一方、こうした日本庭園を構成する主要構成要素としての水に着目すると、池、遣水、滝など、水の空間的位相やその動き、表情としての違いなど、水を鑑賞することによる心理的効果を考慮した設えが施されていることもわかる。また、このような水空間を演出する要素としては、島、橋、舟着場、舟小屋、建物などが不可欠であり、これらの存在が相互に影響し合うことで、特有な水空間を生み出してきている。

このような多様な空間を創出する水についてみてみると、池は、日本庭園の空間構成においては庭園の中心を構成するために不可欠な存在であることがわかる。また、空間的には、池は海を模して造られているため、池の畔においては、荒磯や入江、洲崎や洲浜を彷彿させる空間構成が見られる（**写真2・3**に旧芝離宮恩賜庭園の池の設えを示す）。代表的なものとして修学院離宮の「浴龍池」などがある。加えて、機能的側面として、夏季においては、水面を通過する空気の冷却効果が期待されており、涼を得る場としての実利的な役割を果たしている。

遣水は、水源からの水路を曲線化することで水の流れを楽しむことが意図されており、土地に起伏を設けることで、渓流を彷彿させる動きのある流水を形成したり、石や砂利、砂を使い分けることで、水の表情を変え、激しい流れや緩やかな流れの水景を生み出している。

滝は、日本の自然風景式庭園の象徴として据えられており、自然地形の高低差を表すため、水の落とし方も一段式、二段式や傾斜して流し落とすなどの工夫がある。

また、水と係る構成要素としては、池の中に必ず据えられるものとして中島がある。これは日本が島国であることに由来して据えられており、この島を結ぶものとしての橋も備えられる。

ほかには、池の水面を楽しむ舟遊びのための舟

写真 2 旧芝離宮恩賜庭園の荒磯

写真 3 旧芝離宮恩賜庭園の洲浜

着場やその舟を収める舟小屋が設けられるが、こうした設えがあることにより、池は鑑賞空間としてだけではなく親水性を伴う水空間になる。

● 水と寝殿造

日本庭園における水と建築の位置づけを踏まえ、水と建築との関係性、すなわち、建築的な平面構成などの空間の設えに対して、水の存在が作用しているものをみると、先述した寝殿造系庭園における「寝殿造」を挙げることができる。この様式は平安時代以降、時間を経ることにより、この建築様式と庭園様式は普遍化して行き、寝殿造系の形式が整えられていった。寝殿造は、一町四方（120 m × 120 m）の敷地を基準としており、敷地の周囲に土壁を巡らせ、その内部に住居となる「正殿（寝殿）」を南面して建て、東西に渡殿や透渡殿で結ばれた付属屋の「対屋」を南庭を取

り囲むようにコの字形に配している。対屋から南に中門廊，その先に釣殿が設けられたが，対称に建てられることは少ない。この釣殿は東北側から流れる遣水が流れ込む池の汀に設けられ，納涼や観月に利用された。寝殿前の南庭は池汀まで白砂敷がされ行事の場として利用された。池には一つ，二つの中島が築かれ，橋が架けられた。これら建物や池の配置は，陰陽五行説の「四神相応」の教えを踏襲したもので，東に川，西に道，南に池，北に山のある環境を吉相とすることに由来した。

　寝殿造系庭園の主景は池であるが，これは寝殿造の栄えた京都の場所性やそこに暮らす当時の貴族の生活の中から希求されたものであり，池は規模が大きくなると「大海の様」として海景が模された。池に注ぐ遣水は，寝殿と東対屋を結ぶ透渡殿をかいくぐり，東中門に沿って南に流れるが，寝殿の西には湧泉があり，泉渡廊が納涼のため泉を囲むように建てられた。

　寝殿造の水空間は，泉・遣水・池および滝の4つの形態に分けることができる。平安京のあった京都は地下水位が高く，容易に泉が湧き出た。この泉を利用して清冽な水が遣水となり，透渡殿をくぐり抜け，蛇行した流れが緩やかな流れとして池に注ぎ込むようにつくられた。滝の落差はさまざまあり『作庭記』にも10種類ほど記されている。池は，荒磯や砂洲など，変化のある汀が造られている。そして，池には中島，釣殿，反橋，伝い石，舟など，性格の異なる多様な水空間を形成している。

写真 4　浜離宮恩賜庭園の茶屋

● 汐入池泉回遊式庭園

　東京芝浦地区から隅田川河口周辺地区には，江戸・明治の時代を通して，東京湾から海水を引き込むことで潮の干満差を用い，水景の表情が変化する汐入池泉を持つ庭園が比較的多く立地していた。こうした庭園は，汐入池泉回遊式庭園あるいは回遊式築山泉水庭園と呼ばれ，旧芝離宮恩賜庭園，浜離宮恩賜庭園，清澄庭園，旧安田庭園などがあった。また，こうした汐入池泉は，全国的にも多数作庭されてきた。

　この回遊式庭園は，室町時代の禅宗寺院や江戸時代に，大名により数多く造営された庭園形式で，日本庭園の集大成として位置づけられてきた。庭園の中心に池を配した形式は，池泉回遊式庭園と呼ばれ，池の周囲には苑路を巡らせ，築山，東屋，茶亭が配され，池には，島，橋および洲浜などが設えられ，各地の景勝が再現された。江戸時代になると，庭園内の池泉に海水が引き入れられることで，潮の干満差による池の趣の変化が水景の変化として楽しめるように，汐入の池泉が作庭されるようになった。浜離宮恩賜庭園の場合，元は将軍家の鷹狩りの場所であったが1650年代に松平綱重の別邸が造営され，甲府殿浜屋敷，海手屋敷と呼ばれていたが，後に浜御殿と改称されて大規模な改修が行われ，園内に茶屋と鴨場が設けられ，江戸城の出城として役割を担った。その後，迎賓館として使用され，1870年には宮内庁管理の離宮となった。この庭園内の中央部に広がる池泉は，当初から東京湾から海水を引き入れることで，潮の干満によって水景の変化が見られる汐入の池泉回遊式庭園として作庭された。また，この池泉には中島があり，そこに茶屋が設えられている。

　旧芝離宮恩賜庭園は，1650年ごろに埋立てにより造営された江戸幕府の老中・大久保忠朝の上屋敷内に造られた大名庭園楽寿園を起源とする池泉回遊式庭園であり，海岸に面した汐入の庭園であった。潮の干満を利用した池には，洲浜や大島，

写真5　浜離宮恩賜庭園の汐入の池

写真6　清澄庭園

写真7　清澄庭園の茶亭

写真8　横浜のMM21地区における汐入の景観

中島，浮島が設けられている。

　清澄庭園は，江戸の豪商紀伊国屋文左衛門の別邸として造られ，その後諸大名の屋敷となり，1878年に岩崎家の所有になり，汐入池泉回遊式庭園として作庭された。池泉は，隅田川から水を引き入れることで，潮の干満により水面が変化し，島と磯渡りの飛び石が配され，全国各地より蒐集した奇石が使われている。

　旧安田庭園は，安田善次郎によってつくられたもので，この庭園の池泉も隅田川から水が引かれ，その干満を利用した汐入庭園となっている。

　こうした汐入池泉も，その後の東京港の海岸線の改修や隅田川の高潮対策用の護岸設置により，作庭当時のように海からの海水取水が困難になり，現在は淡水化された池となっている。

　一方，汐入池泉に見られる潮汐作用による水景の移りゆく変化は，横浜臨港パークの中に設けられた潮入り池において観賞することができる。

● 現代の汐入池

　横浜のMM21地区は，港湾再開発により市民に開放されたウォーターフロント地区が創出されて人気を呼んでいる。この地区に整備された護岸は，緩やかなカーブを描いており，従来までの堅いイメージの護岸とは異なる形状を見せる。この護岸の端部に汐入池が設けられ，人工的になりやすい環境の中で，自然の動きとしての潮汐作用を視覚化しており，市民に一時の清涼感を与える場所を形成している。

[畔柳昭雄]

《参考文献》
1) 宮元健次：図説 日本庭園のみかた，学芸出版社，1999
2) 岡本沙耶加：建築空間における水の性質を活用した空間構成手法に関する研究―伝統的日本建築を対象として，日本大学理工学部海洋建築工学科卒業論文，1999

越谷レイクタウン（埼玉県）　親水文化創造都市

● 越谷レイクタウンの形成過程

　湖沼・池は元来，農業用水等の取水源となっているものが多く，その水利権者である農業事業組織（農協・土地改良区等）により，広く一般に水面が開放・利用されることは必ずしも多くない。しかし，近年，農業人口の減少等により管理が粗放化する状況が生じており，都市的な水利用を模索する観点から新たに親水施設として利用を促進する動きに転じているものもある。そのほかにも，旧来の低湿地等において住宅開発が進むなかで，洪水対策として「調節池」を新たに創設し，災害時に備える一方で，日常的にはレクリエーション空間として場を活用する取組みが見られる。その代表的な事例として知られる埼玉県越谷市（図1）の越谷レイクタウン事業は，1996年に都市計画決定，3年後の1999年12月の事業認可を経て，独立行政法人都市再生機構により越谷レイクタウン特定土地区画整理事業として進められた。2008年3月のまちびらき時点では，北口駅前交通広場を含む都市計画道路，駅前の見田方遺跡公園が完成し，越谷レイクタウンを特徴づける大規模な調節池もほぼ完成し，その後，主にJR武蔵野線北側の整備が先行して進められた後，現在は南側の工事も開始され，南口駅前交通広場やその周辺，都市計画道路などの整備が順次行われている。その他，地区南側を東西に結ぶ都市計画道路の川柳東町線が開通し，アクセスの至便性が向上している。また，住宅については，駅北西の街区に民間デベロッパーによる大型の分譲住宅（集合・戸建）が建設されており，調節池北側の街区には賃貸集合住宅や戸建住宅が多く見られ，入居者も徐々に増加している。さらに，駅前の街区，駅北東の街区および東埼玉道路東側の街区には複合商業施設が建設され，2008年10月にオープンしたほか，2011年には，調節池の南東の街区（300街区）に大型アウトレットショップがオープンしている。

図1　埼玉県越谷市の位置

● 親水文化創造都市のまちづくり

越谷レイクタウンは東京都心から北方に約22 kmの埼玉県越谷市の南東部に位置し，計画面積225.6 ha，計画人口22 400人のニュータウンである。本地へのアクセスは，2008年に竣工したJR武蔵野線「越谷レイクタウン駅」が地区のほぼ中央に位置し，また南北に東埼玉道路が東京外郭環状道路に直結するなど，交通至便性の高いロケーションを持つ。

本地区の中心に整備された河川調節池は，地域を洪水災害から守る一方で，日常的には地域住民に水辺の快適性を含む新たなライフスタイルを提供している。また，バリアフリーや二酸化炭素排出量の削減など，健康と福祉，環境に配慮した計画が展開され，特に電気自動車向けの充電ステーションがニュータウン内に設置された初の地域としても知られている（**写真6**）。また，商業施設では調節池の湖面に面した建築施設の配置も見られるなど（**写真1・4**），広大な水辺空間と生活空間を融合させた「親水文化創造都市」を標榜した街づくりが展開されている。

● 大相模調節池の仕組み

一級河川利根川水系元荒川の洪水対策用として新たに建造された大相模調節池は，総面積39.5 ha，調節容量120万トン（常時湛水量46万トン）を持つ施設である。平常時には，調節池の余裕容量を確保し，洪水時に備えるため常に水深は1.0 mから1.5 mに保たれており，導水門・排水門を開閉することで水位が保たれている。

大雨等が降った際には，元荒川に大量に流れ込む水の一部を調節池に導水し，これにより浸水被害が及ぼすピーク流量を抑制している。調節池は最大で水深5.0 mまでの貯留が可能である。降雨後に中川の水位が低くなった段階で調節池に貯留された水を排水門から排水するシステムを持つ。また，洪水の影響がないときにおいては，潮位変動による河川の水位差を利用して元荒川から中川への通水を行うことで，閉鎖・滞留による水質悪化を防ぐ取組みが行われている（**図2**）。

また，調節池内の水質浄化を目的として，浮体式の浄化システムが2種類4基稼働している（**写真2・3**）。このうち，ソーラーUFO（太陽光発電水浄化システム）は，太陽の光を利用した水中

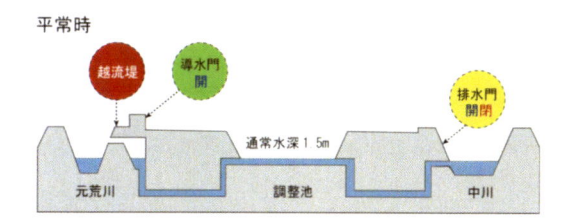

写真1 湖面に面した建物施設の配置
越谷レイクタウンアウトレット2階デッキの景観

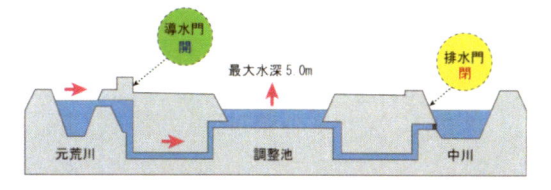

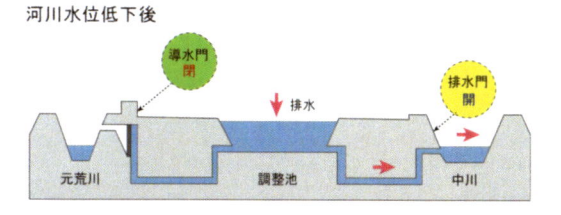

図2 大相模調節池の仕組み

▶ 第 2 部　親水事例編

写真 2　浮体式浄水システム（1）ソーラー UFO

写真 3　浮体式浄水システム（2）

写真 4　レイクタウン湖畔のマンション

写真 5　南親水テラス

に空気を送り込む曝気システムと濾過機能を有するほか，太陽光発電パネルの冷却と洗浄および景観対策のため，上部に噴水機能を有している。

● 調節池内での親水活動

　本調節池では，安全性，衛生面，水質保持の観点から，遊泳や釣り，ウィンドサーフィンなどは禁止されているものの，届出制でボートやヨット，カヌーなどの水上スポーツが可能である。園内にはレイクビューゾーンとして，親水テラスが2か所整備されているほか，ビオトープも併設され，将来的に環境教育の場としても機能するよう配慮されている。

　親水テラスは湖面に向け半円状のステージ形態を持ち，シークエンスに配慮されており，音楽イベントなども開催されるなど多様な利用が見られる（**写真 5**）。

● 越谷レイクタウン整備の特徴

　江戸時代から日光街道の宿場町「越ヶ谷宿」として栄えた本地域一帯は，元荒川や古利根川，綾瀬川，新方川，中川など多くの河川に囲まれ（**図 3**），水田地帯として良質な米を産出する一方で，大雨による洪水災害にたびたび罹災してきた経緯を持つ。また，広大な水田自体が，近年まで洪水の一時貯留の役目を果たしてきたため，1960 年代半ばから首都圏全体で進んだスプロールによる都市化・宅地化による影響を必ずしも強く受けていない地域である。

　そのため，本地の開発に際しては，計画当初か

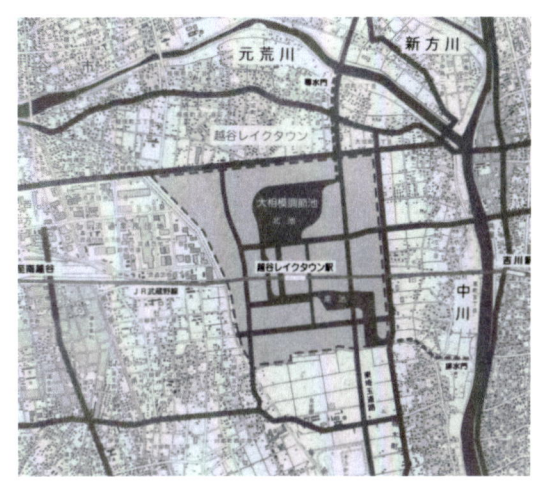

図 3　越谷レイクタウンの位置と周辺河川

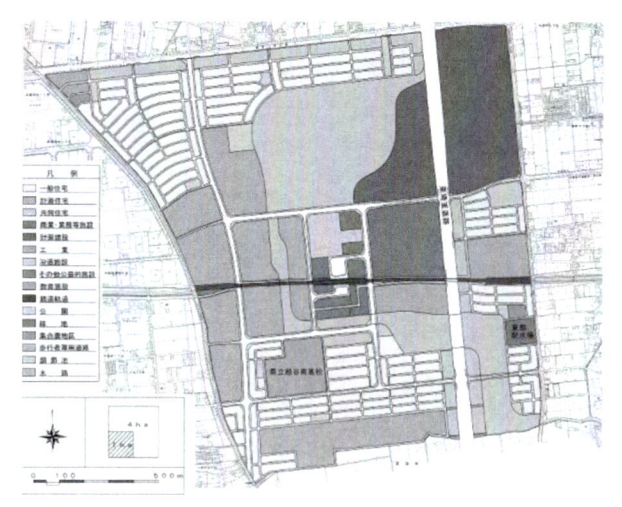

図 4　越谷レイクタウン都市計画図

ら，それまでの無秩序な土地利用の展開や，住環境配慮に関する反省や知見を生かし，水の問題に着目してみると，水害対策としての「防災」と同時に，親水利用を含む「環境」の整備が同時に組み込まれた，極めてシステマティックな計画となっていることが特徴として挙げられる（図 4・表 1）。

開発地区の 17.2 % を占める広大な調節池は，その整備効果として，夏季には周辺住宅への「クールスポット」による温熱環境の緩和をもたらしているほか，ビオトープでは生態系の多様性を確保する場として，また，湖畔を回遊する 1 周約 5.7 km のレイクサイドウォークが整備されることで，住民の運動や交流の場としても機能している。

越谷レイクタウンは 2009 年に「環境に配慮した住みよいまちづくり国際賞」として優れた自治体等に与えられる国際表彰制度「リブコムアワード」で，日本初となる金賞を受賞するなど，世界的にも高い基準を満たした街として認知されるようになってきている。

［坪井塑太郎］

表 1　土地利用計画

種別			面積 (ha)	割合 (%)
公共用地	道路		32.8	14.5
	水路		0.1	0
	公園緑地		6.9	3.1
	調節池		38.8	17.2
	(小計)		78.6	34.8
宅地	住宅用地	一般住宅	44.8	19.9
		計画住宅	43.1	19.1
		沿道施設	10.2	4.5
		共同住宅	0.8	0.4
		(小計)	98.9	43.9
	公益施設用地	商業業務施設	12.5	5.5
		工業施設	1.1	0.5
		教育施設	4.6	2
		鉄道施設	1.7	0.8
		公益施設	1.2	0.5
		(小計)	21.1	9.3
	計画建設用地		26.4	11.7
	集合農業地区		0.6	0.3
	(小計)		14.7	65.2
(合計)			225.6	100

写真 6　電気自動車急速充電器システム

深作川遊水地（埼玉県）　静水面の親水利用

● 深作川遊水地：自然との触れ合い

多目的遊水地が生まれた背景

埼玉県南部では1960年代の急激な都市化に伴い，中小河川の氾濫や内水被害が頻発した。中川・綾瀬川総合治水対策事業の一環でつくられた深作川遊水地は，1977年に創設された多目的遊水地事業の第1号として，1993年に完成している。多目的遊水地事業とは，遊水地の利用形態を洪水時の冠水頻度に応じて，増水時に越流堤から直接流入する「A池」，A池を経由して校庭貯留や公園貯留などにより貯留させる「B池」「C池」というように役割分担させることで総合的な治水対策に寄与するものである。

JR東大宮駅から東へ2kmに位置する深作川の遊水地群は，今ある多自然型遊水地がはじめからできていたわけではない。1970年代前半までは，遊水地は常時湛水しておらず，一面のヨシ原には古タイヤや壊れた自転車などが不法投棄されていた。そのころ，この地区において住宅・都市整備公団（当時）が開発を検討するなかで，治水施設と都市施設の一体的整備を進めることが課題となっていた。遊水地のA池については，親水機能や環境機能を生かした"多自然遊水地"として整備した。

常時水面の確保と生物多様性

遊水地エリアに多様な環境を再生するには，洪水調節容量を確保する敷高より，さらに池底を深く掘り下げて常時水面を維持させることが必要であった。周辺住宅開発の付加価値向上，すなわち集合住宅の居住環境や景観の魅力向上などに寄与するために，遊水地の水辺景観の創出及び自然環境の保全をまちづくりの目標とした。ヨシ原だけ

図1　深作川遊水地の位置

*　調節池（遊水地）は河道に沿って配置され，洪水時に越流堤を越えて池内に水流が入る。河川の流量の低減後に湛水した水が河道に戻る。

の荒れた池からどのようにして住宅団地の魅力向上のための池に変えられるかを検討した．第1案はスポーツ利用案，第2案は水質環境維持に負荷をかけず部分的に池とする案，第3案は多自然遊水地に相応しく遊水地全体を親水池とする案とし，この案が採用された．

A調節池と呼ばれる親水池は，深作川に沿った約500mと，直角に曲がる約300mの範囲にわたり，常時1m程度の水深が確保されている．

そのうち，約5分の1に当たる区域がさいたま市の公園施設となっている．

水と緑のオアシスとして

遊水地の水辺は多様な植生が繁茂しており，近隣の「アーバンみらい東大宮」住宅団地にとっては欠かせない水と緑のオアシスとなっている．

現在多くの自然観察グループが魚や野鳥の見学に訪れているため，遊水地の大半は「深作自然観察区域」として，観察する人以外の立ち入りが制限されている．

深作川遊水地の親水利用が定着してきた背景には，バスルートなどの交通アクセスの改善が大きい．「アーバンみらい東大宮」住宅団地の拡大に伴い，遊水地沿いにJR東大宮駅からのバス交通アクセスが1時間に4～5本と飛躍的に整備されたことにより，来訪者にとっての利便性が改善された．

樹木管理などの課題

30年以上前に治水目的で遊水地を整備したときには，遊水地内には目立った樹木はなかったと思われる．その後自然に育ち，樹高2，3mの灌木が疎林状態で広がっていった．多自然遊水地を整備してからも，住宅団地の側からは池の水面全体がよく見え，広々とした景観が確保されていた．ところが20年，30年と過ぎるなかで，水際にヤナギ類・ハンノキ・ニセアカシヤなどが早く育ち，現在では樹高が10mを超えるものも多くなり，

写真1　深作川遊水地のA調節池

写真2　「深作自然観察区域」の案内板

写真3　遊水地近くで実施された自然観察会

まち側からは池の水面がほとんど隠れる状態にまでなってしまった．今後，自然観察グループともよく相談して，適正な樹木管理を行っていく必要があると思われる．このままでは，水辺の自然観察のグループにとっては問題ないのであろうが，当初の目的である「付加価値のある住宅団地」というコンセプトから見れば，改善の余地があるように思われる．対応策の一つとしては，遊水地の水辺景観を眺められる"ビューポイント"を幾つか設定して，現場で市民とともに樹木の一部伐採を試みることを期待したい．

▶第2部　親水事例編

写真4　水際に繁茂する既存樹林

図2　大川調節池の全体平面図
　　（図中の番号は主要な視点場を示す）

● 大川調節池：水辺を中心に生まれるまち

　"静水面の親水利用"の類似例として，群馬県太田市（旧新田町），利根川の支流・大川にある大川調節池に注目したい。洪水調節容量9万 m^3，2.1 haの都市計画緑地に指定されている。4つの連続する調節池群は，南北に細長く配置され，平常時は水深1m程度であるが，洪水時の水深は3mを超えることもある。2000年度から5年間にわたって都市計画事業により親水緑地公園の整備が行われた。

　調節池周辺は，旧新田町役場である太田市新田支所，温泉施設のある総合福祉センター，大型商業施設などが隣接しており，さまざまな利用者に水辺活用されることが期待された。

特徴ある4つの調節池に

　4つの池の中で中央に位置するB池は，治水の役割を持つ調節池機能と公園機能の親水緑地との整合を図りながら，河川敷の利活用方策について，河川管理者との協議を進めながら，散策園路，観察デッキ，傾斜花壇，トイレ，ビオトープ池の整備を検討した。B池の東側は郊外型商業施設が隣接し，広域からの利用客が立ち寄れる条件が整っている。

　長さ150m，幅40m程度の大きさのB池には南側と北側に2種類の橋が架けられている。南側にある木製デッキは洪水時に池が増水したときは使用できなくなる。これに対して，北側の大型商業施設前に設置された，橋長約40mの鋼単弦アーチ人道橋は常に通行可能である。人道橋のデザインコンセプトは次のようである。

① 21世紀初頭の文化財・未来の文化遺産として，地域住民・関係者の誇りとなる。
② 人々の真の要求を入れたデザインとして「このような橋を造ってほしい」と思うもの。
③ 「渡りたい，眺めたい，写真を撮りたい」など，楽しみ，話し合え，思い出に残る橋。

写真5　2種類の人道橋のあるB池

写真6　大型商業施設前の人道橋

B池の南に位置するC池は常時水面が広く，水際線にヨシ原が育ち，水際の勾配は1:3の緩勾配としている。人の立ち入りはできるだけ抑えて，野鳥の生息環境に配慮した。1996年の調査では20種類の野鳥の飛来が確認されている。整備後の利用状況をみると，年に数回は遊水地内に洪水が流入するため，利用施設の冠水確率が高いことが問題となっているが，回遊性のある周囲を散策する人が増えてきている。ランドマークとなっている人道橋を中心に，新しい水辺公園の風景が生まれている。

● ダム湖の静水面：地域のシンボルを生かす

　ダムの中でも治水目的のダムは，洪水調節のため平常時と洪水時の湖面水位が大きく変化するために，安定的に水辺に親しむことには限界がある。ダム周辺環境の整備では，いつもこれの克服が大きな課題であった。一方では，ダム湖ができたために失われた生活道路のためには，従前の補償により浮桟橋が設置されたケースもある。

　山形県小国町の横川ダム（北陸地方整備局）では，ダムサイト，上叶水地区，市野々地区の3か所で，地域の代表者との意見交換を重ねながら，「水源地域ビジョン」に沿った整備がなされてきた。2007年には「もぐり橋」と呼ばれる管理橋がつくられた。かつて越後街道の通っていた街道跡に，夏季に水面が下がるときだけ歴史的な交流の道として整備した。橋梁の部材には，ダム整備

写真 8 常時満水位時には冠水するもぐり橋

写真 9 旧越後街道にあった大イチョウの移植

図 3 旧越後街道に沿った遊歩道の復元

によって廃止した橋の材料を集めて再利用している。

　また，ふるさとのシンボル（小国町指定天然記念物）である"飛泉寺のイチョウ"は，地域住民の要望を受けてダム湖に湛水しないように移植工事が行われ大イチョウが復元されている。

〔岡村幸二〕

《参考文献》
1) ANNUAL DESIGN REVIEW OF JSSD, Vol.14, No.14, 2008 デザイン学研究作品集
2) "しゅん"の里づくり・横川ダム地域情報誌, 国土交通省横川ダム工事事務所, 2007

写真 7 小河内ダムの浮き橋

Columun 世界の親水事例

港湾倉庫地区の再開発・ドックランズ（イギリス）

ロンドンのテムズ川を国会議事堂近くのウエストミンスター・ミレニアム・ピアからテムズ・バリアまで船で下る途中，ロンドン塔を過ぎタワー・ブリッジをくぐると，左岸側にワッピング再開発地区の改修された歴史的建造物が現れ，さらに下るとドッグズ島の超高層建物群を望むことができる。ドックランズは，ロンドン東部のテムズ川沿いに広がるウォーターフロント再開発地区の名称である。主な地区としては，ワッピング・ライムハウス地区，ドッグズ島，サリー・ドックス地区，ローヤル・ドックス地区がある。

商工業の中心であったロンドンでは，すでに 16 世紀のころにはロンドン・ブリッジを挟んで多くの波止場が形成されていたが，その後 18 〜 19 世紀には，ロンドンへの人口集中と併せて物流拠点として栄え，ロンドン・ブリッジの東側および対岸には多くの港湾・造船所・倉庫が形成された。第二次世界大戦では，ロンドン空襲でこれらのドック群は大きく破壊され，復興には 1950 年代までかかっている。しかしその後のコンテナによる海上・陸上運送の物流革命に対応できないドックランズは，1960 年代から 1980 年代までにすべてのドックが閉鎖された。ロンドンの都心東側に生じた約 22km^2 に及ぶ廃墟は，失業やそれに伴う諸問題を起こし，ドックランズ地区の再開発が急務となった。

再開発の作業は 1970 年代からはじまり，1981 年にイギリス環境省は，ロンドン・ドックランズ再開発会社（LDDC）を設立し，一帯を住居・ビジネス・商業・軽工業などから成る複合地区に転換する巨大開発を進めた（1998 年に LDDC の活動は終了）。また，ドックランズ地区の再開発に係る重要な政策として，1982 年に策定した「エンタープライズ・ゾーン」がある。これは，企業誘致を進めるため，土地開発規制の緩和や税の優遇措置を図るもので，ドッグズ島が指定を受けた。

この結果，海外を含む多くのディベロッパーによって用地取得がなされ，開発が進められた。その代表的なものが，「キャナリー・ワーフ・プロジェクト」である。この事業はドッグズ島の中心部に位置し，現在も建設中のものも見られるが，多くの企業が進出し，一大のオフィス街，ロンドンの新金融街を形成し，ショッピングモール・レストランでは観光客も多く見られる。

［村川三郎］

《参考文献》
1)（財）自治体国際化協会：ロンドン・ドックランドの開発と行政, CLAIR REPORT NUMBER 002, 1990, pp.1-25
2) S K Al Naib：LONDON DOCKLANDS, Fourth Edition, Printed by Ashmead Press, 1994, pp.1-60

| キャナリー・ワーフ超高層建物群 |  ニュー・ブラックウォール・ドック入口 |
|  南端部の中層集合住宅 |  ブラックウォール北東端 |

テムズ川からのドッグズ島の眺望

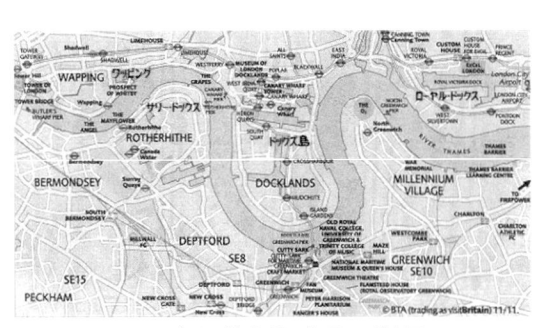

テムズ川に沿うドックランズ地区

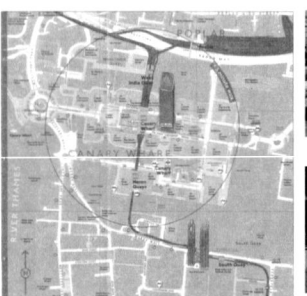

キャナリー・ワーフ地区

バンク・ストリート

ミルウォール（インナー・ドック）

ドッグズ島内

第 4 章
掘割・運河の親水

外濠公園（東京都）　歴史遺構の水辺空間

● 歴史遺構の水辺

　都市の水辺は，都市生活者にとっては緑と同様に身近な自然環境であり，憩いの場，潤いの場を形成する貴重な空間でもある。そのため，水辺に沿ってオープンスペースやコモンスペース，カフェを設けることで，水辺特有の開放感や静寂感を都市生活者に提供するための場が整備されてきている。その一方で，わが国では水辺において伝統的に接水を意図したり，直接的に水面上に空間を設けるなど，多様な親水空間を創出する指向が伝承されている。その中に，京都・鴨川の納涼床や貴船の川中に設けられた川床などがある。2009年からはじまった「水の都 大阪」でも淀川の護岸上に川床を設けることで，積極的に親水性の高い空間を創出する社会実験が展開されたり，東京においても日本橋川や隅田川に川床を設ける社会実験の動きが出てきている。こうした親水性に富む空間を都市の水辺に設けることで，一時期失われた都市の水辺を再び取り戻し，人々と水辺をより身近なものとして関係づけたり，水辺を積極的に都市環境の中に位置づけていくことで快適性の高い都市空間を創出する動きが見られる。

写真1　外濠の水面上にあるCAFE

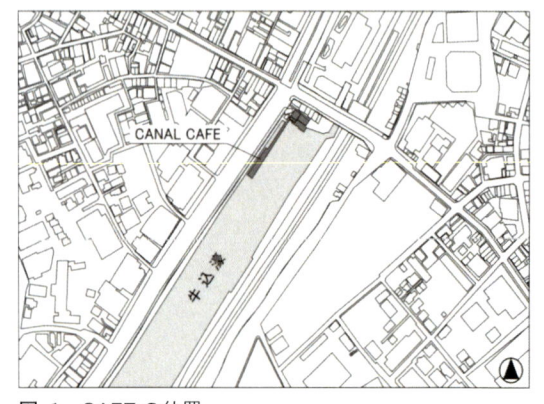

図1　CAFEの位置

都市の水辺空間は1970年代に親水機能が定義され，80年代にはウォーターフロントの概念が台頭することで，水辺に対しての人々の関心が高まり，今日では水と緑は都市における自然の代名詞となり，欠かせない空間となってきている。そのため，暗渠化された河川が開渠化されたり，埋め立てられた水路が復元されるなど，水辺再生の動きは活発化している。

こうした中で，東京都心部の水辺を再確認すると，東京港臨海部の運河や江東区内の都市内運河および河川や公共溝渠，農業水路など多様な水辺空間が比較的多数存在しており，それぞれの地区では水辺の特性に配慮した親水性に富む空間が形成されてきている。

一方，水路や河川の水辺以外にも東京には江戸時代に掘られた江戸城の内堀や外濠などの掘割がある。掘割については，飯田濠が埋め立てられるまでは濠の埋立てについては関心が希薄であった。しかし，その後になり濠やその水面は，東京都心部の都市景観を形成する大切な要素であり，欠くことのできないものであると再認識されることで，維持保存されるようになった。

● 都市化による掘割の変容

歴史的建造物のリノベーションや動態保存が昨今進められてきているなかで，水辺においても古い倉庫の転用（函館金森倉庫など）や歴史的遺産としての運河の親水公園化（小樽運河や富山運河環水公園）する取組みなどが増えてきており，まちおこしに功を奏しているケースが増えている。こうした流れの中で，牛込濠の歴史を概観すると，当初は外敵の侵入を防いだり，結界としての隔たりの意を含んでつくられてきた濠ではあるが，それが一転して人々の気持ちを和ませ，楽しませる親水空間として転用された，歴史的事例として捉えることができる。

江戸城を囲むように掘られた掘割は，現在，外濠の一部が埋め立てられてグランドとして使用されているほかは，残されたほとんどの掘割は当時のままの水面を維持しつつ，今日に至っている。

このうち，牛込濠においては，大正時代にボート場としての利用（転用）が企画されて具体化されたものであり，ボート場としては東京で開設された最初の場所となった。このボート場も継続的に利用されることで，今日に至っている。

東京市は大正時代，市民利用に供する満足なレクリエーション施設はほとんど整備されていなかった。そのため，初代の東京市長であった後藤新平（元満鉄総裁）とその親友の古川清（現CAFEオーナーの祖父）が組んで，市民のために何か出来ないかと思案した結果，外濠を利用（転用）したボート場の考えに至った。しかし，当時の東京市にはボート場の整備およびその運営のために支出できる財源はなく，古川清が私財を持ち出すことでボート場を整備し，郷里の島根から船大工を呼び寄せて100隻余りのローボートを建造させて，牛込濠を囲む飯田橋と弁天橋にそのボートを浮かべたという。（**写真2**）

また，この運営主体として東京水上倶楽部が創設（1918年）され今日まで継続されている。ボート場は創業当時には10人乗船できる大型のボートもあり，多くの市民に賑わいと憩いの場を提供することになった。また，ボート場以外にも牛込濠には各種の取組みがなされ，600mにも及ぶ濠の際に照明を点灯させて夜間営業を行い，ラムネやかき氷が販売されたり，夏には蛍を放して花火を打ち上げ，秋には灯篭流しを催すなど，四季折々の催し物が開催された。その後，釣り桟橋を整備することで，釣り堀としての濠の利用も図られた。

近年になりボート場の利用客が減少することで，外濠の賑わいに陰りが見えはじめたため，ボート場の運営主体である東京水上倶楽部では，新たにボート乗り場と飲食施設を併設したCAFEを1996年に設置した。

▶ 第2部　親水事例編

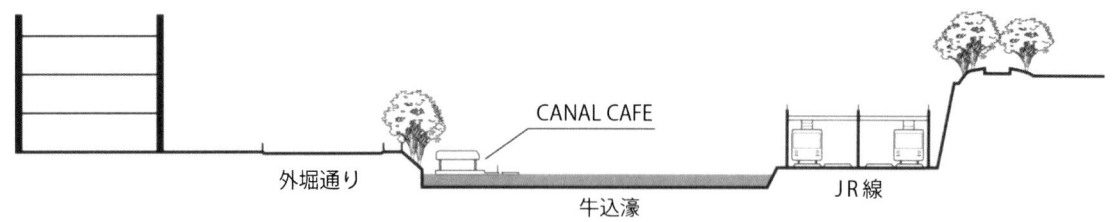

図2　外濠とCAFEの空間構成

写真2　創業当時のボート場

写真3　外濠の水面の広がり

● **外濠の親水空間としてのCAFE**

牛込濠につくられたCAFEは、掘割の持つ水面特性を十二分に生かすことで親水性の高い空間を創出している。すなわち、この掘割では河川からの水の流入がないため、水面の水位上昇は、降雨降雪以外はほとんどなく、人為的に水量はコントロールされる。そのため、河川や水路など流動する自然水の制約を受ける水辺空間において、そこに親水空間を設ける場合、水位変化を考慮して水面と床面との取り合いを検討することが必要になるため接水性を必ずしも高くできないきらいがある。一方、流動水のない掘割では、ほぼ水位変化は生じない水面となるため、接水性の高い空間を創出することができ、水面と一体化するような床面をつくりだしたり演出することができるなど、水との関係性において制約が少ない。

そのため、このCAFEの場合は、水面とデッキ上部はわずか20 cm程の差を設けることで十分となる。そのため、デッキ上部の椅子に座る利用者はあたかも水面に居るような感覚を覚える。加えて、水面に近いためデッキ面は水面の広がり

図3　デッキの配置構成の変化

118

を感じやすくなり，冷涼感の高い空間となる効果も加味されてくる。

● **外濠活用による多様な水面利用**

　CAFEのある牛込濠は，北西側の堤には桜が植樹され並木を形成しているため，開花時期になると人びとが水辺に集う人気の花見スポットとなる（**写真4**）。また，南東側の堤も樹木が繁茂し，濠沿いを走るJR中央線背後の土手にも樹木が繁茂しているため，濠は緑に囲まれた中に広がる水面を形成されている。そして，CAFEは水面に接するように立つため，都心部でありながらも静粛性の高い場所を形成している。こうした水面を活用して，さまざまな水上イベントが催され，外濠の水辺空間の持つ資源を最大限に活用している。（**写真5**）

　この牛込濠は，時代の要請に基づく水辺空間の利用ニーズに合わせて水面利用を変化させつつ，濠の眺望性や開放性を生かした空間づくりを行い，人々が水辺に集うきっかけづくりを行っている。

　ここでの水面利用は，ボート場の創業当初から続く水域の既得権に基づき可能となっている。しかし，現在の水域の管理法では，新たに水辺や水上での営業行為および建築行為を行うことは難しい。現状では，一部の河川や運河において実験的な取組みが進められており，新しい水辺利用のあり方が模索されている段階である。（**写真6**）

［菅原　遼］

写真4　桜並木に囲まれたCAFE

写真5　レストランで行われる水上結婚式

写真6　実験的な河川敷地利用（広島市・京橋川）

《参考文献》
1) CANAL CAFE HP
　 http://www.canalcafe.jp/
2) 日本建築学会編：水辺のまちづくり―住民参加の親水デザイン，技報堂出版，2008
3) 法政大学エコ地域デザイン研究所編：外濠―江戸東京の水回廊，鹿島出版会，2012
4) 鈴木信宏：水空間の演出，鹿島出版会，1981

新川（東京都） 市街地における水辺の名所・名物・賑わいづくり

● 東京都江戸川区・新川の整備

　東京都江戸川区を流れる一級河川の「新川」は、中川と旧江戸川を結ぶ人工河川であるが、さらなる親水空間の充実を目指して今変わろうとしている（**図1**）。

　以前は、水路としての利用があった新川だが、現在では水路としての利用はなくなり、都市の中の貴重な水辺として活用されている（**写真1**）。この新川では、めずらしい取組みとして1999年に地下駐車場も整備されている（**写真2**）。

写真1　整備された新川

● 新川の歴史

　新川は、江戸時代には「船堀川」や「行徳川」とも呼ばれていたが、「船堀川」の流路の一部を変更した運河である。1590年、江戸城に入った徳川家康が千葉県の行徳までの塩の船路開削を命じ、道三堀・小名木川と同時に開削された。それ以来、この新川は江戸市中にさまざまな物資を運ぶ水路、行徳の塩を運ぶ「塩の道」として多くの人に利用されることになる。

　1632年には貨客船「行徳船」が就航し、近郊の農村で採れた野菜のほか、東北地方の米や成田参詣の客なども運ばれるようになった。新川沿岸には味噌や醤油のほか、酒を売る店や「ごったく

図1　江戸川区の親水事業

屋」と呼ばれる料理屋が立ち並び，旧江戸川に向かって遡る船を曳船する業者もいるなど賑わっていた。

明治時代から大正時代にかけ，蒸気船が通るようになったが，内国通運会社の「通運丸」や「利根川丸」は東京～銚子間を1日2往復18時間で結んでおり，成田参詣の客に人気があった。

しかし1895年，佐倉まで総武鉄道が開通すると，鉄道に客を奪われ，1919年に蒸気船は廃止された。このほかにも「通船」と呼ばれる小型乗合蒸気船もあり，江東区の高橋まで運行していた。

1930年には，荒川放水路が完成した。それまで新川は都営新宿線東大島駅の南側にある旧中川まで流れていたが，西側の約1kmが水没している。

しかし水運は維持され，東に大きく流れを変えた中川と荒川の合流部には「船堀閘門」が設けられた。これは現在の荒川ロックゲート（小名木川閘門）のほぼ対岸の中堤にあったといわれている。

新川は歴史的にも防災面で役割を果たしてきた。1947年9月には，カスリーン台風により大洪水が起き，新川より北の江戸川区はほぼ全域が浸水したが，この新川で洪水はくい止められ，周辺の葛西地区は浸水を免れたという経緯がある。

● **新川地下駐車場整備**

新川地下駐車場は，都営新宿線船堀駅周辺地区の発展および新川の親水化により生じる駐車場需要に対応するために計画されたもので，全国ではじめて河川の地下空間を有効活用した公共駐車場である（**写真2**）。

「水辺整備と併せて，地下に駐車場をつくれないか。費用を国と都からねん出させられれば…」と駅周辺の違法駐車対策ともからめ，当時の中里喜一区長の発想からこの事業ははじまった。当時，新川は使われていない旧運河で，いわば"死んだ川"だった。護岸も劣化し，骨組みから耐震型に切り替える必要があったが，中里区長の新川を潤

いある水辺に変えたいという強い思いがあった。

整備事業の検討に際しては，建設省（当時）や東京都の道路・河川行政の実務者を委員とする「新川地下駐車場整備検討委員会」を設置し，実現に向けてさまざまな課題の解決を図り，建設実現に至った。

この事業は，1995年度から建設に着手し，1999年3月に竣工，同年6月から一部供用を開始している。

駐車場本体構造は，鉄筋コンクリート構造地下1層で，延長484m，幅18.4m（内幅17m），高さ5.5m（内室高さ3.4m，車両制限高さ2.1m），駐車台数は200台とした（**図2**，**写真3**）。

写真2 整備された新川と地下駐車場入口部

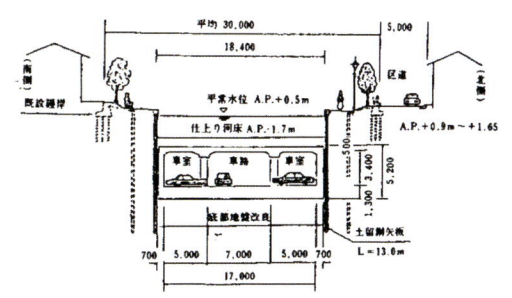

図2 地下駐車場断面図

写真3 断面パース

▶第2部　親水事例編

　この新川地下駐車場は，都市部における河川空間活用のモデルケースとして大きな期待を担った施設であり，その運用状況が注目されている。

　今後は，利用者への適切なPR等により利用率アップや違法駐車撤廃という地域環境の向上を目指し，周辺地域の発展に寄与する基幹施設となるだろう。

● 都市再生整備計画と新川千本桜計画

写真4　整備された木造人道橋

　新川地区では，1992年から2007年まで護岸の耐震・環境整備を東京都が実施し，新川橋から東水門までを除く約2 kmが整備されている。

　また，2008年度から2012年度にかけて都市再生整備計画を定めているが，この計画では，河川防災上の向上，水辺空間の整備，賑わいと潤いある景観形成により，「安全で安心して快適に暮らせる賑わいと潤いがあるまちづくり」を行うことを目標にしている。

　新川千本桜計画は，耐震護岸・親水護岸の整備に合わせ全長3 km川沿いに1 000本もの桜を植樹し江戸川区の新名所をつくろうと2006年に策定した計画である。2007年4月から2013年3月までの6年をかけて1 000本の桜の植樹，木造人道橋の整備，地域の方の触れ合いの場となる地域交流センターの建設など江戸情緒あふれる街並みへと整備していくものである（図3，写真4）。

　現在も川岸の整備事業が進められており，1 000本の桜並木や江戸時代の木橋や石積み護岸により，江戸情緒を再現するための取組みが続けられている。この計画では，千本桜植栽のほかに14橋の架橋（11橋の人道橋と3橋の広場橋）や

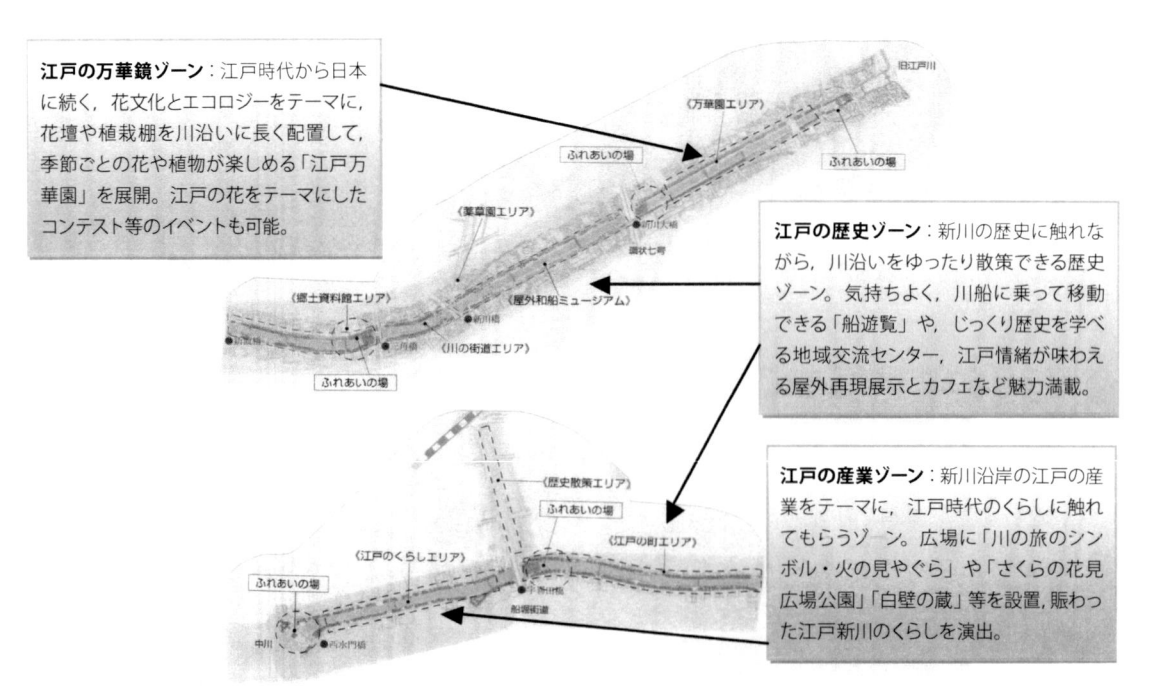

江戸の万華鏡ゾーン：江戸時代から日本に続く，花文化とエコロジーをテーマに，花壇や植栽棚を川沿いに長く配置して，季節ごとの花や植物が楽しめる「江戸万華園」を展開。江戸の花をテーマにしたコンテスト等のイベントも可能。

江戸の歴史ゾーン：新川の歴史に触れながら，川沿いをゆったり散策できる歴史ゾーン。気持ちよく，川船に乗って移動できる「船遊覧」や，じっくり歴史を学べる地域交流センター，江戸情緒が味わえる屋外再現展示とカフェなど魅力満載。

江戸の産業ゾーン：新川沿岸の江戸の産業をテーマに，江戸時代のくらしに触れてもらうゾーン。広場に「川の旅のシンボル・火の見やぐら」や「さくらの花見広場公園」「白壁の蔵」等を設置，賑わった江戸新川のくらしを演出。

図3　千本桜構想（整備ゾーンごとのイメージ）

地域交流センターなどが計画されており，これまでに地域交流センターや新川千本桜記念碑，遊歩道や人道橋等が完成している．

● **住民参加とコミュニティ**

この計画には多くの地元住民からの賛同と参加があり，2007年11月に発足した「新川千本桜の会」が中心となって1 379の個人や団体，町会などから約8 600万円の寄付があった．

計画のうちすでに「新川西水門広場」が完成している．この広場は，新川千本桜の起点として2008年12月から整備を開始したが，敷地には広場のほか手洗所や新川千本桜のモニュメントとなる高さ15.5 mの"火の見やぐら"も併せて整備している．火の見やぐらは江戸時代，火事を知らせ，町を見守る監視塔として建てられており，新川の火の見やぐらも新川千本桜や地域の発展を見守り，今後この地域のコミュニティ形成のシンボルともなることだろう．

お披露目会の会場では当日，式典が行われたほか地元町会などの模擬店や火の見やぐらの見学会，かつて塩の道として多くの舟が就航していたことをイメージした舟の散策などのイベントも開催され約2 000人の来場者で賑わった．

● **水辺の賑わいづくりの要素**

このように歴史のある新川については，2006年度から行われてきた千本桜の事業などによって，地域支援のもとに現代における地域社会に即したかたちで着実に整備がなされてきた．その結果，整備が進んだところは，多くの人々が利用するとともに，新川千本桜の景観が，着実にその姿を現してきている．

2011年8月，これまでの整備状況を踏まえつつ，社会経済情勢の変化に対応した整備計画に一部見直しを図り，早い時期での全体完成を目指し整備

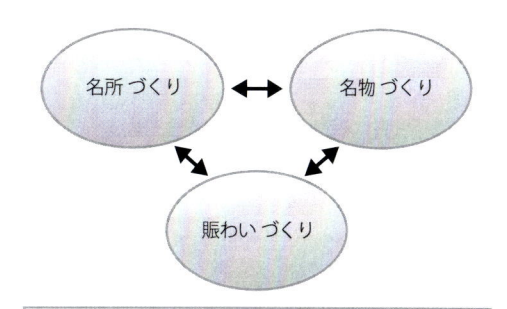

図4　計画目標と地域ブランドのイメージ

が進められている．

千本桜構想は，名所・名物・賑わいづくりをコンセプトに展開されているが，今後，こうした市街地における"観光"への取組みがまちづくりの課題となってくるだろう．特に"地域ブランド(魅力)"をいかに育んでいくか（いけるか）といったことが，地域における持続可能なまちづくりを考えるうえで一つの鍵となる（図4）．

[上山　肇]

《参考文献》

1) 江戸川区：新川千本桜計画パンフレット
2) 日本建築学会編：水辺のまちづくり－住民参加の親水デザイン，技報堂出版，2009，pp.86-87

▶ 第2部 親水事例編

天王洲運河（東京都） 運河ルネサンスと水辺カフェ

● はじめに

　日本の水辺を取り巻く管理体系は複雑である。河川や運河の管轄は国・都道府県・市区町村で細分化され，それら行政内の組織間のつながりは極めて薄い。また，既得権による独占的な水域利用が行われることで事業者の新規参入が困難な水域も多く存在する。それ故に都市の水辺利用は限定的なものとなり，水域やその背後地は都市の余剰空間として残されていった。

　しかし近年では，こうした都市の水辺に新たな価値を見いだし，水辺の賑わいを取り戻そうとする取組みが進められている。その手法の一つが水域の「規制緩和」である。水域の安全管理や航行等，従来の利用用途に限定されていた法制度を，規制緩和を通じて見直すことで，新たな水辺利用のあり方とその方法論がみえてくる。

　東京都品川区・天王洲運河に浮かぶ水上レストラン「WATERLINE」は，多くの人々を運河沿いに引き寄せる人気スポットとなっている。（写真1・図1）この施設は東京都港湾局による水域の規制緩和施策である「運河ルネサンス事業」を用いた運河利用の先進事例として着目されている。

写真1　浮体式海洋建築物「WATERLINE」

図1　WATERLINE の位置
（ゼンリン住宅地図をもとに作成）

● 水域と陸域の一体的利用による法制度の解釈

2006年2月にオープンしたWATERLINEは，運河に浮かぶ飲食機能を有する浮体施設である。この施設は天王洲運河の干満差（約2m）に対応するために，下部構造の浮函体の先端側と船尾側を各2本ずつの係留杭で固定することで，水平方向の移動を制御し，垂直方向の移動を開放するドルフィン構造となっている。この浮函体上に3面ガラス張りの天井高約2.5m，平面規模約250m²のレストランが建築されている。（表1・図2）

WATERLINEの設置にはその後背地に建つレストラン「T.Y.HABOR BREWERY」が大きな役割を果たしている。T.Y.HABOR BREWERYは元々は物流倉庫（写真2）であったが，それをレストランにリノベーションした施設である（写真3・4）。この地区の東側は江戸時代末期に築造された第四台場の跡地であり，当時の石垣を再利用した護岸とボードウォークがつくられ，水辺の回遊性を持って散策できるように整備されている。そのボードウォークの先にレストランが位置づけられている。運河に面した遊休倉庫などを転用し，レストランや物販店など集客施設にする取組みは80年代後半にアメリカの主要なウォーターフロント地区で取り入れられた手法であるが，天王洲地区においては1997年に既存の倉庫を転用した後，運河の水面を利用する取組みとしてWATERLINEが設置された。

WATERLINEは「船舶」と「建築物」の両方で扱われている点に特徴がある。本来，浮体施設は船舶として扱われるが，同じ場所に3か月以上停泊している場合，浮体施設だとしても「土地に定着している」とみなされ，建築物としても扱われる。WATERLINEの計画敷地は都市計画法上の市街化調整地域に該当するため，新築行為は許可されていない。そのため，その後背地に建つT.Y.HABOR BREWERYの「増築」扱いにする

表1　WATERLINEの概要

項目	概要
施設名称	WATERLINE
用途	飲食店（レストラン）
事業者	株式会社寺田倉庫
設置水域	港湾地区，市街化調整区域
適用法規	都市計画法，建築基準法，港湾法，船舶安全法
建築面積	226.84 m²
延べ床面積	256.51 m²

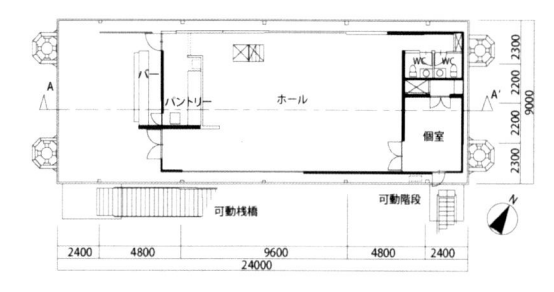

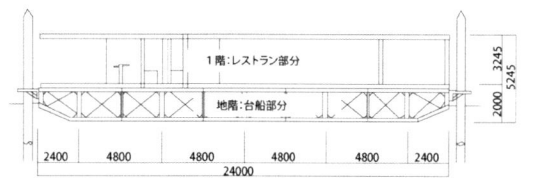

図2　WATERLINE平面図（上）および断面図（下）

写真2　寺田倉庫（出典：T.Y.HARBOR BREWERY HP）

ことで建築が可能となった。

また施設の許可も同様に，船舶と建築物の両方の基準を満たす必要があった。そのため，台船部分を船舶の基準に基づき船舶検査を受け，客席部分については建築確認申請を受けている。

以上のように，船舶と建築物の両方で扱われる特殊な施設であるWATERLINEは，後背地の建物との一体的な建築を行い，さらに台船と客席を分割して施設許可の基準をクリアするという法制度の解釈により建築された。

● 水域の規制緩和による
　法制度のブレイクスルー

　2005年6月，東京都港湾局はこれまで限定的な利用であった運河の新たな役割として「観光」の視点を取り入れ，運河の水域利用と周辺環境の整備を推進していく「運河ルネサンス事業」を策定しガイドライン化した。これにより，従来，港湾事業者に限定されていた水域占用許可が規制緩和され，カヤック等の水上アクティビティ利用のための浮桟橋や水上レストランの設置が民間事業者によって可能となった。その実験的取組みの第1号がWATERLINEである。

　WATERLINEの計画敷地は都市計画法に基づく「市街化調整区域」と港湾法に基づく「港湾区域」が重層的に定められており，双方の法制度において水域利用に対する制限があった。本来，市街化調整区域で開発行為を行う場合には，都市計画法に基づき"公益上必要な建築物"であることを前提として都道府県知事の許可を受けなければならない。また天王洲運河において水域を占用する場合は，港湾法に基づき港湾管理者（東京都港湾局）の水域占用許可を受ける必要があり，その許可基準に関しては"物流等の港湾機能を満たす用途"に限定されている。一方，WATERLINEは民間事業者主体による商業利用を目的とした施設であるため，都市計画法および港湾法の双方の許可を得難い事例であった。

　こうした中，WATERLINEは観光資源としての運河利用を目的とした取組みであったため，運河ルネサンス事業に基づき柔軟な法制度の解釈がなされることで水域占用が認められた。WATERLINEの水域占用許可に関しては，特定の民間事業者による独占的な水域占用を回避するため，地元の民間事業者やNPO団体等で構成された「品川浦・天王洲地区運河ルネサンス協議会」が中心となり，管理者や港湾事業者の意見調整を行い，水域占用許可に至るまでのプロセスを明確

写真3　既存倉庫を改修したレストラン内部

写真4　天王洲運河に面した屋外スペース

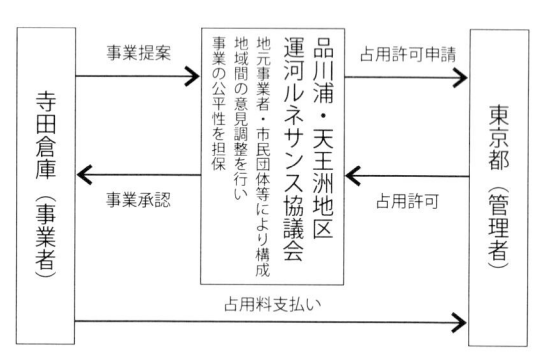

図3　WATERLINEの事業スキーム

化されることで実現に至っている。（図3）

　以上のように，運河ルネサンス事業に基づく水域の規制緩和は，これまで従来の港湾機能に縛られていた運河利用に関する法制度をブレイクスルーさせるきっかけとなっており，新たな運河利用に向けた仕組みを構築することで，運河利用に対する新規事業者の参入を促し，新たな運河利用の可能性を高めている。

● 運河利用の展開と課題

　WATERLINEは，運河に面した既存倉庫の活用に合わせた一体的な建築行為および規制緩和に基づく法制度の柔軟な解釈によって実現に至った事例であり，運河の空間資源を生かした整備とそれを支える仕組みづくりにより，水域の商業的利用という新たな付加価値を生み出すことで，運河に人々の集う場を創出した好例といえる。（**図4**）

　現在，運河ルネサンス事業の推進地区は東京都臨海部において5地区（豊洲，朝潮，芝浦，勝島・鮫洲，品川浦・天王洲）が指定されている。各地区では浮桟橋の設置や運河沿い遊歩道でのカフェ運営等，運河の賑わい創出に向けた多面的な運河利用が展開されはじめている。（**図5・写真6**）

　その一方，取組み内容やそれにかかわる組織の多様化に伴い，施設利用の手続きの煩雑さや施設管理の責任の担い手，事業者の継続的な資金確保等，効率的かつ継続的に運河利用を進めていくうえでの課題点も顕わになってきている。今後は東京都港湾局や各地区の運河ルネサンス協議会が中心となって地域全体をコーディネートしていく必要があり，こうした試行錯誤の中で運河開放に向けた方法論を見いだしていく必要がある。

［菅原　遼］

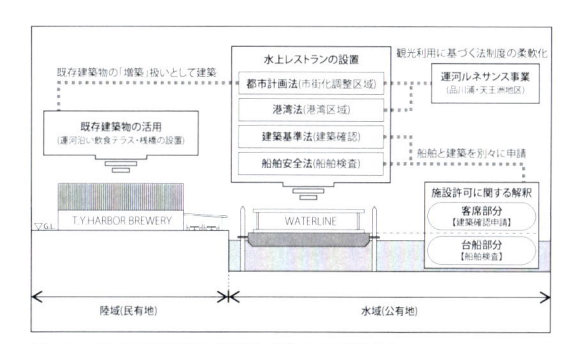

図4　WATERLINE設置に関する概念図

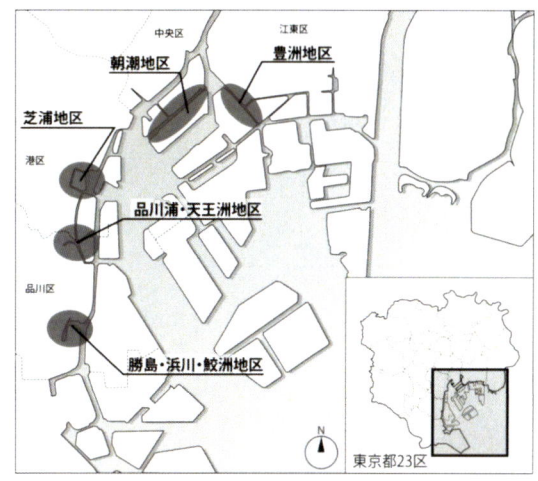

図5　運河ルネサンス事業の推進地区

写真5　運河沿いのカフェ（芝浦地区）

《参考文献》
1) 東京都港湾局HP
　　http://www.kouwan.metro.tokyo.jp/
2) 花野修平ら：浮体式海洋建築物の建造を促す法制度に関する研究―浮体式レストランに着目して，日本建築学会大会学術梗概集（関東），2006
3) 菅原遼ら：社会実験的取り組みからみた水辺空間の開放プロセスに関する研究―東京都臨海部における運河ルネサンス事業を対象として，日本建築学会大会学術梗概集（関東），2011

道頓堀（大阪府） 水都・親水歩道整備

● 水都大阪の再生に向けて

1585年，豊臣秀吉により大坂城の外濠として東横堀川（大阪市で最古の堀川）が開削されたのを皮切りに，以後江戸時代までの間，大阪中心部には数多くの堀川が縦横無尽に開削され，天下の台所を支える物流のインフラとしての重要な役割を担い，大阪は水の都としての活況を呈していた。その中の道頓堀川は，木津川と東横堀川を結ぶ全長約2.5kmの堀川で，1615年に完成し，川沿いには多くの商店が立ち並び，以後，大阪を象徴する風景をつくりだすことになる。

これらの開削された川から，大阪の人々がどれほどの恩恵を受けたのかは計り知れない。そんな川が育んだ大阪を，水の都として再生する取組みがはじまっている。しかし現代の我々が，道頓堀川と聞いて真っ先に気になるのが水質ではないだろうか。高度成長期の弊害で，この川の水質は，BOD値30mg/l以上の極めて汚い川となってしまったが，水の都を再生するにあたって，まず行政が水質改善に取組み，近年ではBOD値5mg/l以下に改善されている。

そして，道頓堀川と東横堀川は，堂島川・土佐堀川・木津川とつながり，大阪市中心部をカタカナの「ロ」の字型を形成して流れていることから「水の回廊」と位置づけられ，道頓堀川に「とんぼりリバーウォーク」という遊歩道が，八軒家浜には水陸の交通ターミナルとなる船着場が整備され，中之島にも親水性の高い公園が整備された。

さらに2009年の夏には，大阪の水辺再生プロジェクトを広く伝えるために「水都大阪2009」というイベントが開催され，アーティスト工房やワークショップ，橋梁ライトアップ，朝市，リバーマーケットなど，水の回廊を中心に水辺の楽しさを再発見できるさまざまなプログラムが展開されてきた。

このとき，川に背を向けていた建物を改修して，カミソリ護岸上にテラスを設けて飲食することができる常設の「川床（北浜テラス）」も誕生した。この川床は，広島同様に2004年の河川敷地占用許可準則の特例措置を受けた水辺の社会実験である。そのほか，中之島や道頓堀川でも水辺の社会実験が実施されている。こうした取組みを契機として，水の回廊を中心としたまちづくりの機運が高まり，新しいネットワークが生まれ水都大阪を再生するための基盤が整いはじめている。

第4章　掘割・運河の親水

図1　水の回廊

写真1　とんぼりリバーウォーク

写真2　八軒家浜船着場　　写真3　中之島公園

● 水辺の社会実験

道頓堀川の社会実験

道頓堀川は観光地や商業地にあるため，平日，休日問わず人通りが多く，それに加え水辺のリバーウォークが整備されたことで，川側の遊歩道に店舗の客席部分をはみ出して，水辺の賑わいを演出する地先利用型の社会実験制度を利用した店舗，「タイタン（占用面積 14 m^2）」「MOULIN（占用面積 87 m^2）」が2010年から実施されている。

写真4　タイタン

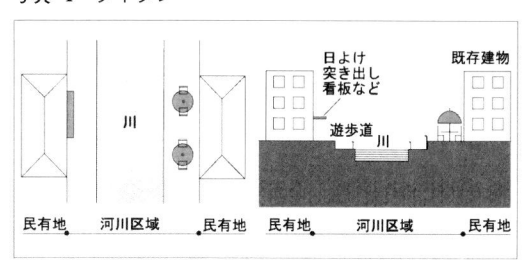

図2　タイタンの空間構成

写真5　MOULIN

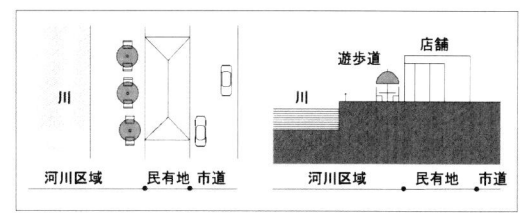

図3　MOULINの空間構成

土佐堀川の社会実験

北浜川床協議会と事業者が協働して，堤防裏のデッドスペースに仮設の川床（北浜テラス）を設

▶ 第 2 部　親水事例編

置して，既存のビル内で営業している店舗の屋外テラスとして活用する社会実験が 2008 年からはじまっており，2009 年には常設のテラスとすることが認められた。これは，他の事例とは異なり，事業者が積極的に主導したケースで，第三者機関である協議会をとばして，事業者が河川管理者から直接占用許可を得ることができるものである。それは，出店者がビルオーナーか店舗オーナーに限られるため，独立店舗型のように出店者を公募する必要がないためである。

　占用している川床の面積はいずれも約 15 m^2 と小規模であるが，もともと既存建物内の店舗のみで営業しているため採算性の心配は少ない。また，川岸ぎりぎりまで床を張り出しているので，川の風を感じることができ，他の形態よりも親水性が高く，人気も高いようだ。

　しかし，幾つか気をつけなければいけないことがある。例えば，雨天時対策に川床の利用客分の席を屋内店舗に確保すれば採算上のメリットはなくなるし，店舗の床レベルが堤防と必ずしも同レベルにあるわけではないので，建物の改修が必要である。さらに，川床から地下階へ視線が届きやすく，近隣への配慮も必要である。

写真 9　MOTO CAFFEE（左）と Buon Garande（右）

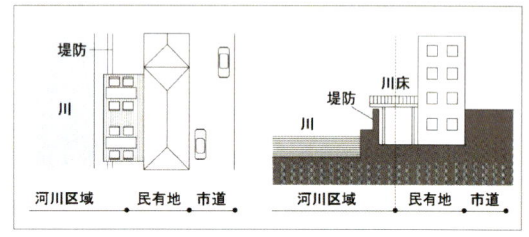

図 4　北浜テラスの空間構成

　この川床の試みは，当初「十六夜（いざよい）」「てる坊」「OUI」の 3 店舗だけでスタートしたが，2010 年には「北浜ルンバ」と「MOTO COFFEE」が，2011 年には「Buon Garande」が川床を設置するなど，速いペースで川床の増殖が見られる。近い将来，新たな水辺を楽しむ名所が生まれるかもしれない。

写真 6　てる坊

写真 7　OUI

写真 8　十六夜

堂島川の社会実験

　2010 年，地下鉄中之島線の新駅建設がきっかけで，その駅近くの川沿いに，独立店舗型の社会実験として「中之島バンクス」という建物が第 3 セクターによって建設され，その中に入るテナントを公募された。しかし，このあたりは新駅ができた後も人通りが少なく，2 年以上の間テナントが決まらなかった。水辺であれば，どこでも実験が成功するわけではないことを思い知らされた事例であろう。

第 4 章　掘割・運河の親水

写真 10　中之島バンクス

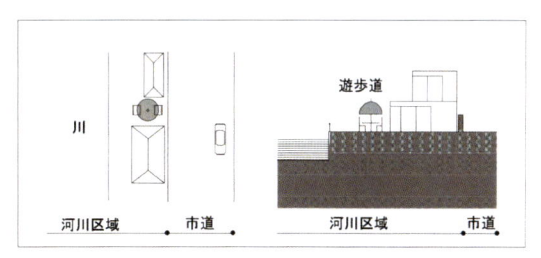

図 5　中之島バンクスの空間構成

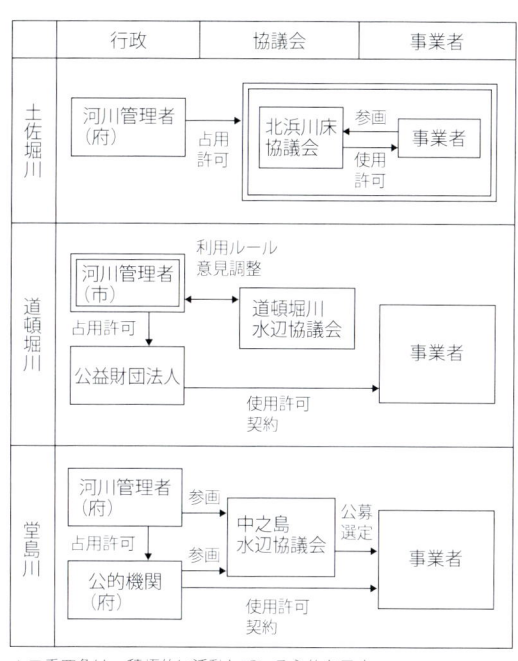

図 6　社会実験の事業スキーム

＊二重四角は，積極的に活動している主体を示す．

● 事業スキーム

　「水辺の社会実験」の事業スキームを構成する主体は，管理者・協議会・事業者である．しかし，前述の3河川での実験は，「水の回廊」でつながっているとはいえ，いずれも主体が異なる．

　通常，河川区域で「水辺の社会実験」を行うためには，河川・公園管理者から占用・使用許可を得る必要がある．また，協議会は地域の合意や利用調整，公共空間利用の際のルール作りなどを行う第三者機関としての存在である．堂島川の事例のように，公有地に独立型の店舗を設け，そこに入るテナントを募集する場合，事業者の選考過程に公平性が求められるため協議会が必要であるが，土佐堀川の事例のように事業者の選定が必要ない場合は手続きを簡略化できる．

　ただし，協議会がなければルールが徹底されにくいこともある．現に，道頓堀川では申請なしで，勝手に遊歩道にテーブルや椅子をあふれ出している事例もある．

● 水辺の社会実験の波及効果

　「水辺の社会実験」は，2005年に広島で実施されて以降，その試みは全国に波及し，2011年には24店舗にまで増えた．中でも大阪では，最も多様な形態の社会実験が実施されている．これらの成果より，水の都として選定されていなくても特例措置を講じることができるようになった．今後も，先行事例の検証を行いながら，新たな水辺の利活用を推進し，個別の事例で完結せずに水辺のまちづくりへ展開していくことが望まれる．

［市川尚紀］

《参考文献》

1) 北浜テラス実行委員会・水都大阪2009実行委員会：北浜テラス（大阪川床）2008実施報告書，2008

インレー湖の水上生活（ミャンマー）

　ミャンマー連邦共和国（面積：約68万 km^2，人口：6 367万人，2012年 IMF 推定値）は，2006年10月にヤンゴンから中部のネーピードーに遷都している。民族はビルマ族が約70％を占め，その他多くの少数民族で構成される。

　ここで紹介するインレー湖は，首都の北東，海抜約870 m のシャン高原にあり，シャン州タウンジー県ニャウンシェ地区に位置する。玄関口のヘーホー空港から湖の入口ニャウンシェまで車で約1時間である。南北22 km，東西12 km の細長い淡水湖で，158 km^2 を占める表面積は，同国第2位の規模である。水深は，乾季には2～4 m 程度，最も水嵩が増す雨季でも最深部で6 m 程度と年間を通して浅い湖である。湖には10本以上の河川が流れ込み，北から南へと水流が形成されている。図にインレー湖と主な周辺町村の位置を示す。

　インレー湖とその周辺にはシャン系に属する少数民族のインダー族が住んでいる。インダー族は，インレー湖に高床式住居を構えた独特な水上集落を形成しているが，近年ではニャウンシェの町や湖周辺の土地へ移住する人々も見られる。

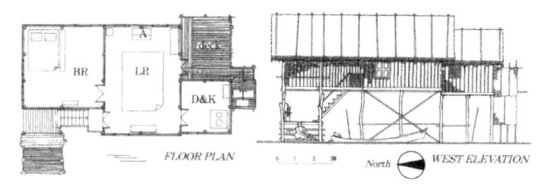

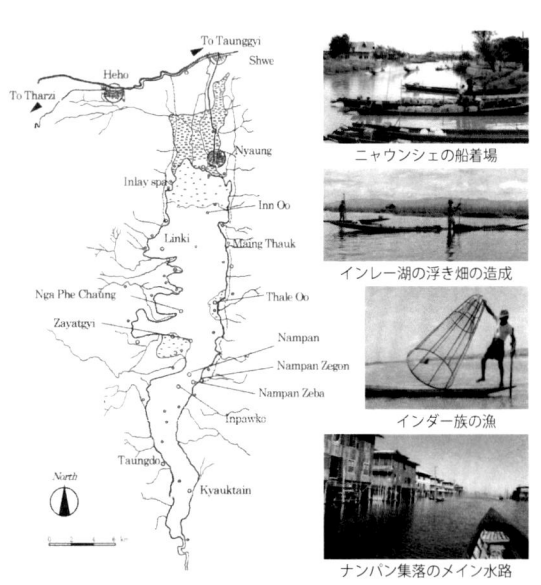

　インレー湖の交通機関は船であり，ニャウンシェの船着場からモータボートで運河を10分ほど行くと広々としたインレー湖入口に着く。トマトや野菜類を満載したボートが行き交う。これらの農産物は湖上に作られた浮き畑から収穫したものである。このような浮き畑は，比較的北側で湖幅の最も広くなる地域に多く見られるが，湖全体で浮き畑での水耕栽培が盛んである。

　ニャウンシェから約20 km 南下したナンパンとナンパンゼバに形成されているインダー族の伝統的水上住居について述べる。

　大型のモータボートが往来する幅のある水路の両側はトタン屋根の木造2階建て住居が立ち並ぶが，その背後には，藁あるいは茅葺屋根と竹組みの高床式住居が多く見られる。住居の床下は船置き場として利用している。集落内の水路では小型のボートが行き交い，立って片足で櫂を繰るインダー族独特の漕ぎ方を見ることができる。生業は水耕栽培や漁，沿岸部の稲作などであり，生活必需品は5日ごとに開かれる市場で得ている。食器・衣類，体などの洗浄はそばの湖水を活用し，飲み水は清浄な水源の湖水を船で汲みに行き壺にためて利用している。一部では井戸の利用もある。

［村川三郎］

《参考文献》
1) 村川三郎・坂上恭助・CHO OO・西名大作・越川康夫・薬師神厚志：ミャンマーの伝統的集落における住環境に関する調査研究 その1～4, 空気調和・衛生工学会学術講演会講演論文集, 2001, pp.1173-1188

第 5 章
用水の親水

マンボ（三重県）　伝統的水利施設

● 水路に対する関心の高まり

　身近な水辺に対する関心が高まることで、それまであまり見向きもされずに暗渠化や埋立ての対象となってきた農業用水路についても人々の熱い視線が向けられるようになってきた。特に用水路の場合、流路の周辺土地利用が様変わりし、市街化が進展することで街区内を流れるようになり、水質浄化や魚の放流、親水空間の整備などが施されることで、人々の興味や関心が集まるようになった。そのため、まちづくり、地区づくりの中において、水路は欠かせない環境的要素として扱われるようになった。

　こうした用水路の代表格としては、1997年に再生された静岡県三島市の市街地を南北に流れる「源兵衛川」や、滋賀県高島市マキノ町野口集落や新旭町針江集落を流下する水路、岐阜県郡上八幡を流下する水路、長崎県島原市の浜の川などがあり、全国には人々の関心・興味の的となる水路は多数存在する。そのため、国土交通省が1996年に全国107地域400か所を「水の郷百選」として指定した。

　水路は、小規模であるが故に地域住民に親しまれ地域の生活に密着して利用されてきた。そして、用水に対する依存度の高い地域では、水路と地域住民との関係性の深さの証としての空間的つながりや利水、治水、親水に係る創意工夫を見ることができる。そこでは、地域の物理的空間形成において、まちの骨格的な役割を果たす一方で、水路端には、生活の知恵として生み出されてきた「川端（カバタ）」や「瀬木板」、「カワド」や「水舟」「水車」など、水とかかわる多様な空間や工夫などを見いだすことができる。こうした空間的な利用は、日常的な住民と水とのかかわり方により生み出されてくるもので、水との親密な関係性は地域コミュニティの形成にも寄与する。そして、特に用水路の水利用の面では、住民生活の中に規範意識や慣習、相互扶助などを根づかせる効果を持つ。また、「〇〇川を愛する会」など、地域住民が水路と係ることにより維持管理のための自主的な組織を形成するケースが増えてきており、水路の管理を通じて地域社会の連携強化が図られてきている。

　例えば、静岡県三島市の市街を流れる源兵衛川の場合、富士山からの伏流水を水源として奈良時代に掘削された人工的な農業用排水路であったが、都市化の影響を受けることで湧水が枯渇し、

第5章　用水の親水

ランドワークが展開されることで、市民の参加や地元企業の協力が芽生え、水辺の清掃活動や水質処理された工業用水が放流されることになった。それにより源兵衛川再生が進み、再び源兵衛川がまちの骨格となり、水面の輝きや生物の姿、水辺を行き交う人々の姿などがよみがえり、再び水辺を介しての地域コミュニティが形成されることで、「水の都・三島」がよみがえることになった。

また、滋賀県高島市マキノ町野口集落と針江集落では、それぞれの集落の近傍を流下する河川から疏水が集落内に敷かれることで、集落内を隈なく水路が流れ各住戸に引き入れられている。そして、水路には各戸専用の川端（カバタ）と呼ばれる伝統的な利水空間が「場」や「建築」として設けられている。この空間構成の違いは、水路の使い方の違いからもたらされており「場」は取水、建築は「排水」となっている。一方、集落の用水路は、水道が各住戸に普及して以来、水の利用面で変化を生じてきているが、そこで築かれた水利用を通しての規範意識や相互扶助の形成などについては住民間に深く根づいている。また、川端の利用については、水道普及によっても途絶えることなく、水の冷却効果の利用や鯉を使った生態系の活用による水質浄化（台所での食器洗いの代替的行為を、鯉などを使い清掃させる）方法が今日に至っても行われている。

● 日本のカナート "マンボ" とは

水路は、概ね灌漑用と生活用に大別できるが、本河川や水源から敷かれる水路は、人的に開渠された流路により形成され、そこを用水が流れ、水路には利水施設や親水空間が設置されることで、人々の利用の用に供されてきている。そうしたことが、人々と水とのかかわりの親密性を高めてきたが、地形や気候などの地理的な制約条件により、当初から暗渠化されて掘削されてきた水路がある。有名なものとしては、イラン、アフガニスタ

写真1　川端（カバタ）

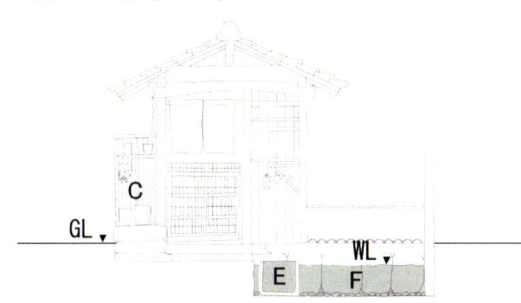

図1　断面図

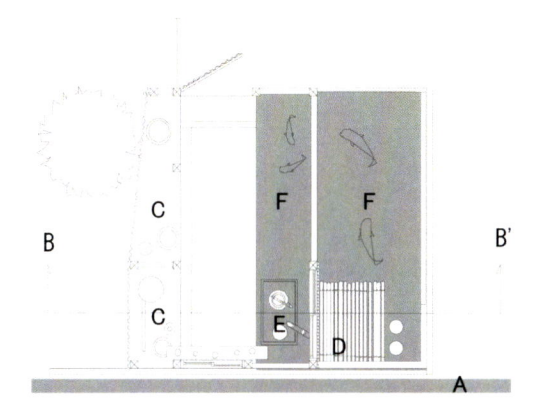

図2　平面図

用水路の水が枯れることで、連鎖的に人々の川とのかかわりが消えた。そうした中で、1988年に「都市と農村を結ぶ水のみち」としての整備が持ち上がり、「農業用水路の市民への解放」として、グ

135

ン，北アフリカなど中東の乾燥地帯において，山麓の扇状地を水源とする地下水を遠隔地にある耕作地や集落まで通水するうえで，水の蒸発を防ぐために掘削された地下水路「カナート」（イランでの呼称），「カレーズ」（アフガニスタンでの呼称），「フォガラ」（北アフリカでの呼称）などがある。こうした暗渠水路に類似した地下水路が日本にも存在しており，「マンボ」と呼ばれる。規模は小さいがカナートと同じ流路構造や掘削方法でつくられている。

マンボは，山麓に掘られた井戸や地下水を水源としたり，河川や池を水源とし，そこから導水するための暗渠水路である。その構造は水源から水を引くための水路を地中に横穴を掘削し，途中，地表から縦穴を掘りつつ，横穴を延伸することでつくられる。主な目的は耕作地や集落に水を引き込むための農業用水の取水である。このマンボの呼称は，場所により横井戸や横穴，ショウズ抜きとも呼ばれている。三重県北勢町では「間歩」もしくは「間保」と書く。

暗渠水路のマンボは，北は秋田県から南は鹿児島県まで全国各地に分布しており，現在確認されているものだけでも16府県163か所程になる。その中で，特に近畿地方の三重県北部の員弁郡の藤原町・北勢町・大安町を中心として，菰野町・四日市市・鈴鹿市・亀山市などに集中的に分布している。また，岐阜県の垂井盆地や愛知県知多半島でも見られる。こうした地域にマンボが発達した理由は，河川から灌漑用水の取水が難しい地理地形的条件であったことと，江戸時代末期にこの地で盛んであった鉱山開発による鉱山技術が継承されてきたことにある。こうして掘削されたマンボは，元々は農業用水としての灌漑利用が主目的であったが，水源から引かれた水は，まず，生活用水として利用され，後に農業用水として利用されてきた。

地下水を水源とするマンボの場合，横穴の堆積土砂を取り除くために縦穴が随所に設けられる

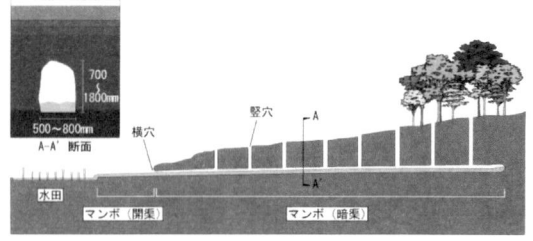

図3　マンボの構造図

が，それを利用することで共同洗い場が設置されている場合が多い。ただし，暗渠水路は地下を流れるため，地表面よりも低い位置に洗い場は設けられる。そのため，夏季は冷気のたまる冷涼空間として利用されることもあるが，利用形態は開渠の水路と比べて限定化されている。一方，共同洗い場の利用法は，地上を流下する水路の場合と同様で，利用上の規約として上流からは，下流に汚水を流さない配慮などが住民間で取り決められている。

● マンボの水利用形態

マンボは，農業用水としての利用が主な機能的役割であるとともに，暗渠水路であることの物理的な制約が開渠水路に比べて伴うため，利用用途が限定されやすいが，生活用水，農業用水としての本来的な利用以外に，近年では環境用水や親水利用，祭事や行事など水の持つ環境的な効果の活用を意図した利用もなされている。また，暗渠水路としての利点は，水温が年間を通じてほぼ一定であることから，夏季は冷水，冬季は温水として利用されている場合も多い。例えば，三重県片樋集落のマンボに見る利用形態は，生活利用としての食物洗い利用，生産利用としての地場産品の漬物生産への利用，環境用水としての庭や畑への散水利用，親水利用としての水遊びや魚捕りなどに利用されている。加えて，他の地域では，飲料水利用や酒造などに利用されるケースも見られる。

● 水路が生み出す住民の規範意識

　マンボを含めた水路は，環境用水や親水性を希求する人々の期待として，そのあり方がまちづくりに欠かせない存在となってきている。その一方で，地域における生活様式の変化や水道や道路などの社会基盤整備の進展が皮肉にも生活用水の供給元としての水路の利用機会を減少させたり，水路を埋めたりすることで，水との直接的なかかわりを減少させている。そのため，近所の住民が集まり水を使う習慣から生み出されてきた「井戸端会議」といった言葉が死語になる状況となりつつある。しかしながら，旧来から水路端にある利水施設や関連施設を利用してきた住民の中には，水道が普及する今日においても日常的な生活習慣の中に水路が位置づけられており，そこでの住民同士の挨拶が日常化することで互いを気遣う習慣が継承され，水路を介しての地域社会や連帯意識の形成を保っている。

　こうした地域社会では，水利用面で必ずしも明文化された規則などは存在しないが，水利用面における規範意識が醸成され，下流域への汚水の流出を上流域では避け，その利用においても飲料水利用から食物洗い，そして，洗濯と段階的に水を使うことや大きなものや汚れの激しいものは洗わないなど，住民間には共通した意識が存在する。

写真 2　北勢町奥村　共同洗い場

写真 3　北勢町奥村　共同洗い場

こうした規範意識により，水路の環境が守られ，地域社会が持続的に維持されてきている。

［畔柳昭雄］

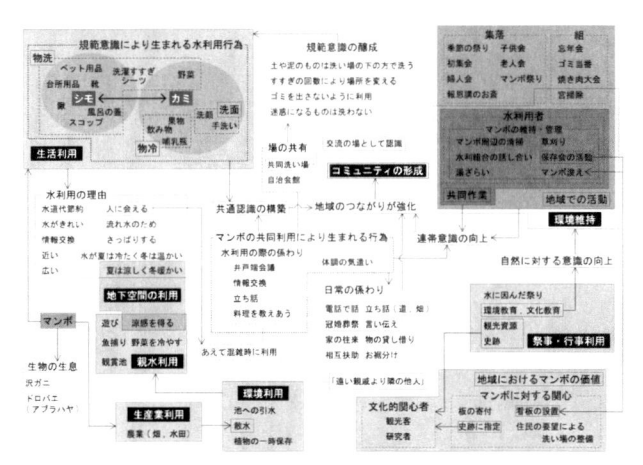

図 4　マンボと住民のかかわり概念図

《参考文献》
1) 鈴木尚美子・畔柳昭雄：水網集落における水利用形態と建築空間に関する研究―滋賀県高島市の2集落を対象として，日本建築学会計画系論文集，第611号，2007，pp.7-14
2) 吉田晃子・畔柳昭雄：伝統的水利施設"マンボ"を介した人と水との係わりに関する調査研究，環境情報科学センター　第24回環境研究発表会，環境情報科学論文24，2010，pp.131-136
3) 宇井えりか・畔柳昭雄：水辺環境の変遷から見た人間と自然とのかかわりに関する研究，日本建築学会計画系論文集，第540号，2001，pp.315-322

玉川上水（東京都） 江戸の上水と現代の親水

● 玉川上水の概要

　玉川上水は，かつて江戸市中へ飲料水や生活用水を供給していた上水道であり，江戸の六上水の一つである。羽村取水口で多摩川から取水し，武蔵野台地の稜線を東に流れ，尾根筋を巧みに引き回して四谷大木戸（現在の四谷四丁目交差点付近）まで到達する。その全長は約43 km，標高差はわずか約92 mのため緩勾配で，ポンプなどを使わない自然流下方式による水道である。そして，四谷大木戸に付設された「水番所」（水番屋）を経て市中へと分配されていた。水番所以下は木樋や石樋を用いた地下水道であったが，羽村から大木戸まではすべて素掘りでつくられた。また，1722年以降の新田開発によって野火止用水，千川上水などの多くの分水（用水路）が開削されて，武蔵野の農地へも水を供給した。

　現在の玉川上水は，保存状態や利用状況の違いによって，以下の3区間（「上流部」「中流部」「下流部」）に分けられる。

① 上流部（羽村取水口～小平監視所）

　江戸時代から現在まで，多摩川から取水した水がそのまま流れている区間である。東京都羽村市の羽村取水堰で多摩川の水を取水し，現在でも東京の上水源の1/3ほどを占めており，毎秒17.2 m^{3}の水が水道用水として利用されている。この水の大部分は，取水堰の下流約500 mに位置する第3水門から埋設管によって山口貯水池（狭山湖），村山貯水池（多摩湖），そして東村山浄水場へ送水される。残りの水はさらに下流の小平監視所で取水され，東村山浄水場および現役の農業用水路である新堀用水の双方に送水されている。

② 中流部（小平監視所～浅間橋）

　古くからの樹木がよく茂り，豊かな木立に覆われている箇所が多い。かつては多量の水が新宿区の淀橋浄水場まで送られていたものの，1965年の同浄水場廃止とともに送水を停止し，以降は水道施設としては利用されていない。そのため，長い間，空堀状態であったが，1986年以降，「清流復活事業」によって，多摩川上流水再生センターにて高度二次処理を施した下水が流され，水流が復活した。

③ 下流部（浅間橋～四谷大木戸）

　この区間は，水路のほとんどが暗渠化されている。その多くは緑道や公園として整備されており，流路の痕跡をたどることができる。玉川上水の終

第 5 章 用水の親水

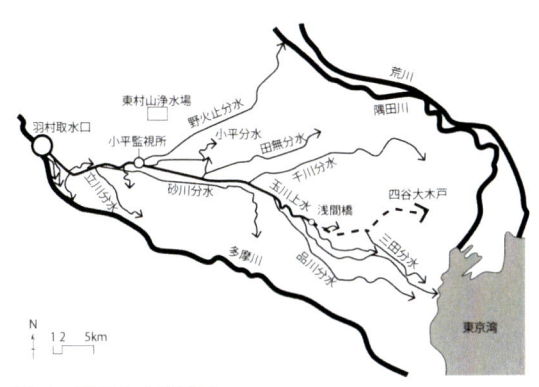

図 1 玉川上水概略図

図 2 四谷大木戸（出典：羽村町郷土資料館編『玉川上水—その歴史と役割』羽村町教育委員会，1986）

写真 1 復活した小平監視所下流部

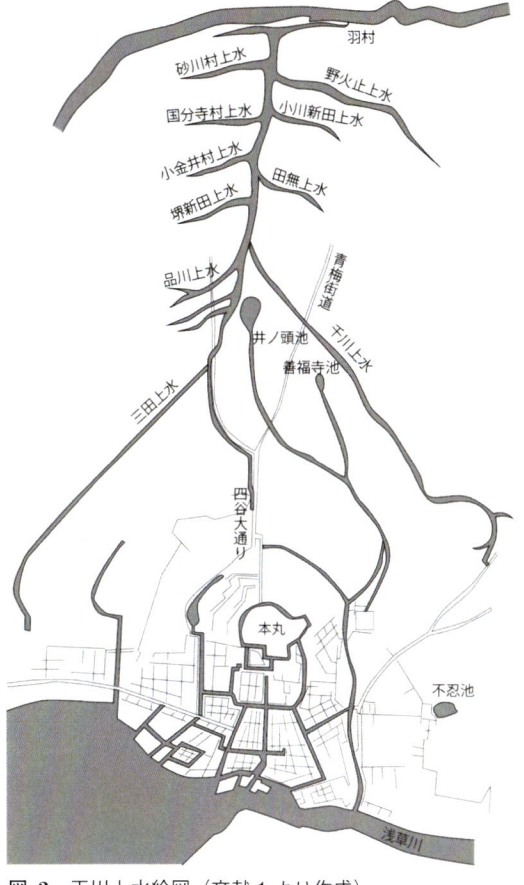

図 3 玉川上水絵図（文献 1 より作成）

● 玉川上水の開削

【1653 年 4 月：開削工事開始・
同年 11 月：羽村～四谷大木戸間開通】

　1609 年ごろの江戸の人口は約 15 万人であったが，3 代将軍家光のとき参勤交代の制度が確立すると，大名やその家族，家臣が江戸に住むようになり，人口増加に拍車がかかった。もはや既存の上水だけでは足りなくなり，新しい水道の開発が迫られるようになる。そこで 1652 年，幕府により江戸の飲料水不足を解消するため多摩川からの上水開削が計画された。そこで，工事請負人として庄右衛門，清右衛門兄弟（玉川兄弟）が選ばれた。玉川家の記録によると資金として金 6 000 両が支給されたという。

　そして，わずか 8 か月間で，羽村取水口から四

点である旧四谷大木戸地点には，東京都水道局新宿営業所があり，その傍らに「水道碑記（すいどうのいしぶみのき）」が建てられている。かつて，ここに水番所があり，その先は埋設された石樋・木樋を通して江戸市中各地へと配水していた。

谷大木戸までの素掘りによる上水路を完成させ、翌1654年6月から江戸市中への通水が開始された。しかし、高井戸まで掘ったところで資金が底をついたため、兄弟は家を売って費用に充てたという。庄右衛門・清右衛門兄弟は、この功績により玉川上水役を命じられた。この歴史は『上水記』注1に詳しく記されている。

● 上水の変遷

【1722年：3上水の廃止】

玉川上水は武蔵野台地の尾根を東に流れているため、南北への分水路をつくることができた。最初に分水されたのは野火止用水で、川越城主松平信綱が玉川上水開削の功により許可された。青山、三田、千川の3上水も明暦の大火後拡張した江戸の水需要を支えるため分水され、飲料水だけでなく、灌漑用水、水車の動力としても利用され、武蔵野台地の開発に大きく寄与した。『上水記』によれば1791年ごろには33分水が記録されている。

しかし、1722年に青山、三田、千川の3上水が突然廃止された。その理由は「室鳩巣の献言」注2や財政難で水道の維持が困難になったため、または堀井戸の普及によるものともいわれている。

【1870年4月：通船許可】

1868年、明治維新により江戸は東京に変わったが、玉川上水は江戸時代のままで、運輸の中心は舟運だった。人馬に比べれば船の輸送力は圧倒的だが、玉川上水の通船願いが出されても、上水の水質悪化を案じた幕府は許可しなかった。ところが、維新の混乱期、新政府が許可してしまい、1870年4月、羽村から内藤新宿まで玉川上水を船が往来するようになった。当然、水質の悪化（特に船員による上水への放尿）は避けられず、わずか2年後の1872年5月、通船は廃止された。

【1886年：コレラ流行】

多摩川上流でコレラ患者の汚物を流したとの流言が東京市内に広まった。玉川上水の水質がいかに良くても、末端の木樋に汚水が流入しては大問題である。そのため、浄水場で原水を沈殿、ろ過し、鉄管を使用して加圧給水する近代水道の建設が急務とされた。

【1898年12月：淀橋浄水場完成】

コレラの流行をきっかけに淀橋浄水場（現在の新宿副都心エリア）が建設され、神田、日本橋方面に給水を開始した。これにより、下流5kmの上水路はその機能を失った。

【1965年3月：東村山浄水場完成】

1965年淀橋浄水場は廃止となり、その機能は東村山浄水場へと移された。その結果、玉川上水の役割は羽村取水口から小平監視所（東京都小平市、1963年完成）の約12kmだけとなった。そして杉並区高井戸より東の上水路はほぼ暗渠化した。

● 清流復活

【1986年8月：清流復活】

淀橋浄水場の廃止後、上水路としての使命を終え、水の流れが途絶えていた小平監視所下流の玉川上水は、玉川上水を愛する人々の尽力もあり、東京都による「清流復活事業」が進められ、1986年に清流が復活した。それは、東京都下水道局多摩川上流水再生センター（昭島市）で処理された再生水を、約18km下流の高井戸の浅間橋付近まで流し、そこから管路で600m北の神田川に合流させるものである。また、野火止用水（1984年）および千川上水（1988年）も清流復活事業により流れが復活した。

【1999年3月：歴史環境保全地域に指定】

玉川上水の一部が暗渠化されたことをきっかけに、地域の人々による玉川上水保全運動が起こるようになった。都市化の進展とともに、宅地化され緑の少なくなった武蔵野台地にとって、玉川上水は、身近な水と緑の空間として、また、郷土史、文学史等の歴史的背景からも、流域の人々に特別な愛着を持たれているからである。そこで、東京

都は,「東京における自然の保護と回復に関する条例」に基づき,1999年3月,玉川上水を歴史環境保全地域として指定し,歴史的価値の高い水路および樹林帯としての水辺環境を後世まで保全することにした。保全地域は,玉川上水路の羽村取水口(羽村市)から新宿区(四谷大木戸)までの区間の水道局管理用地のうち開渠部分である。

【2003年8月:国の史跡に指定】

竣工350周年を迎えた玉川上水は,2003年8月,江戸・東京の発展を支えた歴史的価値を有する土木施設・遺構として,文化財保護法に基づき,国の史跡に指定された。指定範囲は,羽村取水口から四谷大木戸までの水路敷のうち開渠部分の約30.4 kmである。緑に囲まれた土木遺構を良好に保全するとともに,歴史的価値を広く伝え,都民に親しまれる「水と緑の空間」を次世代へ継承していくための取組みとして,東京都水道局は,2007年3月に「史跡玉川上水保存管理計画」を策定し,2009年8月には「史跡玉川上水整備活用計画」を策定した。

● おわりに

こうして,江戸・東京の大動脈として活躍してきた玉川上水は,上水道としての使命は終えても,人々に愛され親しまれる存在として再生し,今後は東京都の貴重な親水空間として生き続けることが期待されている。しかし,幾つかの課題もある。例えば,玉川上水の歴史的価値があまり認知されていないこと。また史跡指定範囲にはフェンスも含まれているが,フェンスの管理主体はバラバラで水辺のデザインに統一性がないこと。さらに,多くの分水路の保存・活用について,その検討が十分になされていないことがある。

玉川上水は,その南北に多くの分水路ができるように武蔵野台地の稜線に開削された点で,その巧みさが高く評価されているはずである。渡部[2])が提案しているように,玉川上水の南北には水の乏しい中小河川が多く存在しており,それらと玉川上水が連結できれば,東京都全域を潤すことができるかもしれない。水辺環境の保全や活用を考える際は,その周辺のまちづくりや,水系全体の保存・再生などは議論されないことが多い。玉川上水も樹林帯が残る開渠部分だけを公園のように整備して終わってしまわないことが望まれる。

[市川尚紀]

(注)

1) 上水記:1791年に,江戸幕府普請奉行上水方の記録として作られた。玉川上水,神田上水の概要,その他の分水についての概略等が記されている。

2) 室鳩巣の献言:江戸の風は明暦のころまでは重々しかった。地中に水道管が張り巡らされた地脈が分断された昨今,風が軽くなって火災を誘発している。火災予防のためには水道を廃止すべしとの説である。(献可録)

《参考文献》

1) 東京市役所編:東京市史稿 上水篇第一,東京市役所,1919

2) 渡部一二:図解 武蔵野の水路 玉川上水とその分水路の造形を明かす,東海大学出版会,2004

3) 比留間博:玉川上水 親と子の歴史散歩,たましん地域文化財団,1991

4) アサヒタウンズ編:増補 玉川上水―水と緑の人間賛歌,けやき出版,1991

5) 鈴木理生:図説 江戸・東京の川と水辺の事典,柏書房,2003

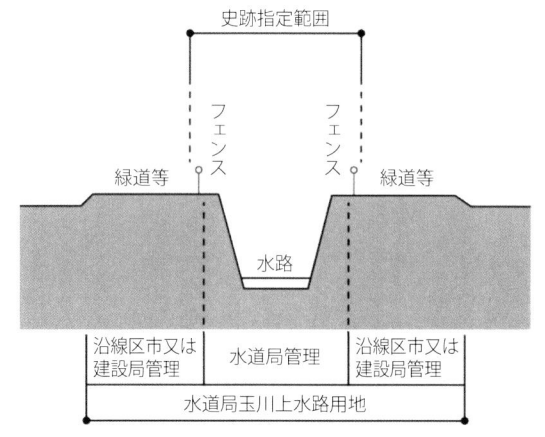

図4 史跡指定範囲(出典:東京都水道局『史跡玉川上水保存管理計画書』2007より作成)

琵琶湖疏水（京都府）　遣水型水路網と庭園群

● 疏水建設のもう一つの功徳

　南禅寺界隈を訪れると，一帯を細い水路が網の目状に巡っていることに気づく。琵琶湖疏水と聞いて，煉瓦造の水路閣はすぐ思いつくだろうが，こうした水路網，あるいは琵琶湖疏水の水を引き入れた幾多の貴顕の別荘屋敷の遣水庭園を思い浮かべる人は，まだそう多くはないかもしれない。ここでは，疏水建設がこの地一帯にもたらした近代化の恵みとはまた別の側面を紹介したい。

　言うまでもなく，琵琶湖疏水建設は，東京への首都移転ののち，急速に進んだ京都の都市衰退を食い止め，近代化を図る，京都市の死命を懸けた一大事業で，1890年（第一疏水が同年，第二疏水は1912年）に完成した。疏水建設の趣意書には，舟運，灌漑，発電，上水，防火などさまざまな建設目的が記されている。遣水庭園での水利用について，趣意書にこそ記載はないものの，当時の琵琶湖疏水の水利用途には，「庭園その他娯楽および防火に使用するもの」との記載が見え，生活の用にとどまらない疏水の功徳（私的利用）が公に認められていたことは，注目に値しよう。

● 疏水建設で華開いた新たな遣水文化

　現在，哲学の道沿いに疏水分線が流れる，南は南禅寺から北は慈照寺に至る東山一帯の水利用の起源は相当に古い。

　起源のわかっている時代では，平安初期から湧水や谷水の水源を利用した神社が立地しはじめ，平安末期から鎌倉時代初期にかけては，禅宗寺院や貴族の別荘を起源とする寺院が複数立地し，境内の池泉に利用されていた。室町時代に入ると，南禅寺塔頭の建設ラッシュにより寺域が拡大するのに伴って立地が限定され，徐々に山懐からやや離れた傾斜地（急傾斜扇状地）上に敷地がつくられるようなった。その結果，谷水を起源とする水路から複数の塔頭が連続的に取水して庭園の池の水として利用する例が見られるようになる。水の取水も技術的な制約を受けるため，庭園の造作も上述の傾斜地の地形条件と相まって，地形処理を伴った築山と池泉による作庭が主となっていたようである。

　そして，いよいよ琵琶湖疏水の建設により，南禅寺周囲の山懐を巻くように流れる疏水分線（水路閣）や扇ダム・同放水路等から取水が可能にな

第5章 用水の親水 ◀

ると、鉄管の使用やサイフォン形式での取水等の技術的な進展もあって、地形的制約は解消され、取水方法や水利用の自由度が格段に向上した。こうして、南禅寺（岡崎地区）界隈は、明治期から昭和初期にかけて当時の財閥等貴顕の一大別荘庭園地の様相をなすに至ったのである。（図1・2）

水利用に関わる地形的制約とそれに伴う敷地形状や規模の制約から開放された庭園は、その造作も自由度を増して、敷地を広く取って東山を大きく借景し、遣水や池泉を巡らせる、広々とした近代的日本庭園が多数造られた（写真1～3）。そうした庭園を作庭した代表的な庭師が7代目小河

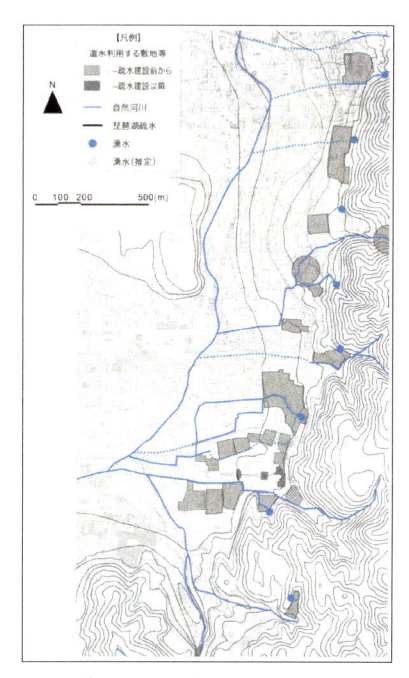

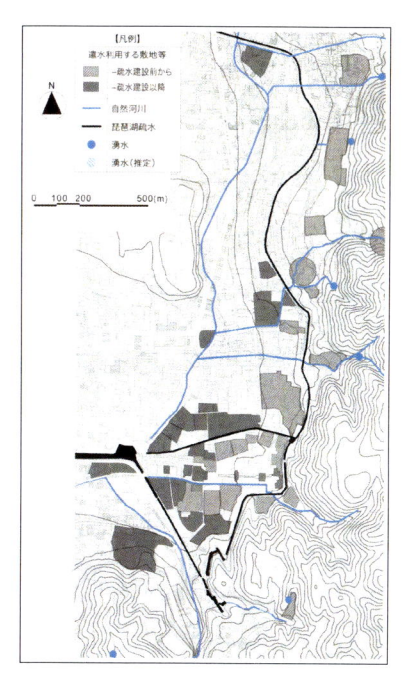

図1 東山山麓の水利用と敷地の立地（左：琵琶湖疏水建設前／右：琵琶湖疏水建設後）

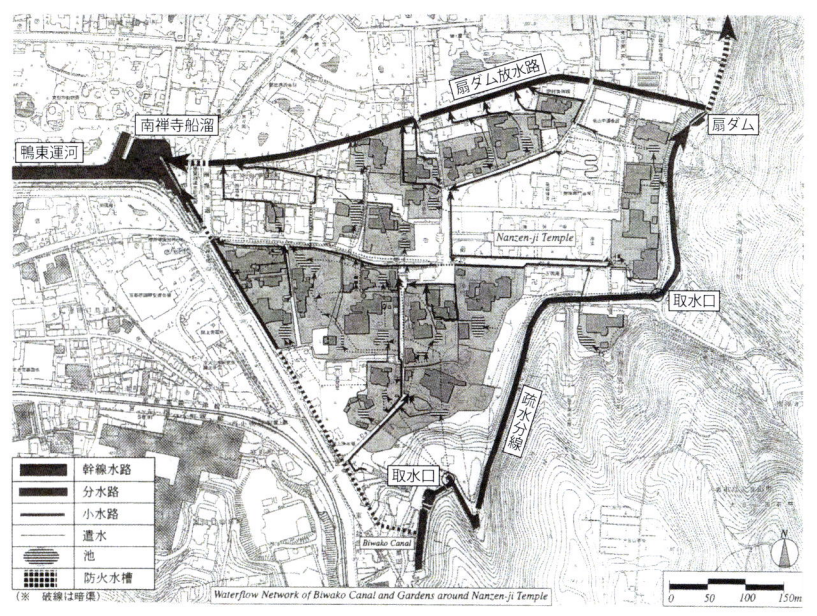

図2 南禅寺界隈の琵琶湖疏水網（同一取水口からの一部水系のみ抜粋）

143

治兵衛（植治）で，彼の作庭した庭はこの一帯に多数存在する（大多数が私有のため，一般には非公開）。

琵琶湖疏水の建設は，一方で，それまで庭園の水源となっていた谷水を分断し，庭園水の枯渇を引き起こしたのだが，一方ではその水源を補償し，塔頭群林立によって水源確保が困難になっていた当地の新たな水源となって，上述のような一大庭園群の建設を可能たらしめたのである。

なお，当地周辺は，1895年の「平安奠都千百年紀年祭」や「第4回内国勧業博覧会」の開催地で，これに合わせて建設された平安神宮の庭園（小河治兵衛・作庭），現在美術館や動物園となっている敷地などにも疏水の水が通水されている。また，「本願寺水道」「御所水道」と呼ばれる防火用水道が造られ，蹴上から市街までの約50mの高低差を生かした水圧により通水されている。

● **公的な水路網と私的な遣水利用**

庭園の遣水という極めて私的な水利用は，そのための配水・取水・排水の繰り返しを通じて，重層的・階層的で複雑な水路ネットワークを形成している（**図3**）。その規模や様相はさまざまで，それぞれにこの地域一帯に貴重な親水空間を提供している。鴨東運河のような幹線水路（運河）から，扇ダム放水路，疏水分線などの分水路，家の境界や街路の側溝を流れる小さな水路，そして，私邸の遣水などである（**写真4**）。例えば，家の前を流れる小さな水路であっても，その水を邸内の庭

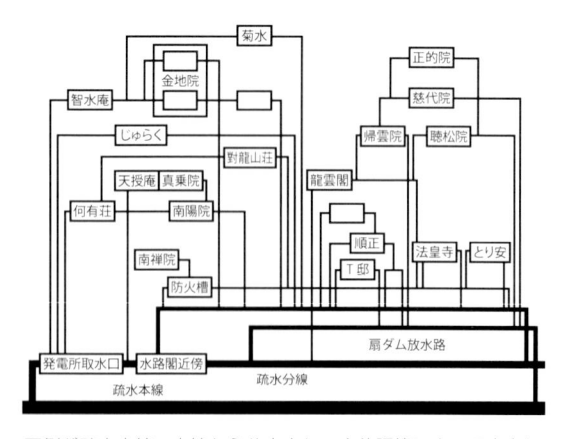

写真1　東山を借景とした無鄰菴庭園

写真2　庭園の遣水（對龍山荘南庭）

写真3　地形を巧みに利用した瀧組（野村碧雲荘）

下側が疏水本線。本線から分水され，水位調節によって安定した水が，繰り返し遣水として利用され，階層的なネットワークを構成していることがわかる。

図3　琵琶湖疏水の水路ネットワーク模式図（一部）

写真 4 南禅寺界隈の多様な水辺と景観（左から鴨東運河，扇ダム放水路，野村碧雲荘前の小水路）

園に導き，また汚さずに排水するため，板や石を用いた取水堰，竹柵・木柵，金網，小さな窪み等を用いた水の浄化への働きかけが見られ，常にきれいな水を安定供給し，この地域一帯の環境の向上に大きな役割を果たしている。また，疏水分線沿いには地域の手で桜が植えられ，哲学の道として親しまれ，大切に育まれてきた。扇ダム放水路沿いの散策路も同様である。また，かつて舟運に使われた蹴上インクライン下の鴨東運河は，近年，船下りのイベント等も行われている。

こうして当初の機能を超え，時代を経てなおその価値を地域に展開し続けているのは，私的な水利用が公的な水路ネットワークを介してつながり，この地域一帯が一つの「遣水型親水空間」として多くの人に愛着を持って利用されてきたからだろう。水路ネットワークは，元をたどれば琵琶湖疏水という一つの水源からなる「水系」を形成している。それ故，庭園での私的な水利用に関する個々人の意識は，そのための水の浄化，多様な水路網に触れる日常的な親水空間の体験等を通じて，この地域一帯の空間や社会を敏感に感じ取る公的な意識へと醸成されてきたのではないだろうか。

ところで，庭園の池泉・遣水は，建築との関係においても興味深い。池や遣水の中に石を立て，その上に束柱をおいて，広縁，落縁などが池に迫り出すように建築を配置した例や，遣水を建築の縁の下に流れ込むようにつくる例は数多く見られる。『作庭記』に，「透渡殿の柱をば短く切りなして，厳めしく大きなる山石の廉あるを立てしむべきな

り」とあるのは，これに近い。「飼い慣らされた」（domestic）水，また私的な空間であればこそ可能な造作ではあるが，建築と庭との関係のつくり方において応用の幅は広いであろう。

● 「間」の構造：水辺を体系的に理解する

水量が大きく親水利用の自由度も制限される大きな自然河川から，段階的・階層的な水位調節を経て安定化された水を，生活に身近な私的空間に引き込んで遣水として利用する。この段階的・階層的な水利用の仕方を，人と自然との「間」の構造と捉え，一つの文化体系として認識したい。それは，空間的，また，公から私にいたる社会的な広がりの中に，それぞれの水辺を位置づけ，都市の中に織りこんでゆくことを意味する。そこでは，その位置づけに即した水辺づくり（地形操作，建築その他の施設配置，意匠等）の作法が求められるのである。

［山田圭二郎］

《参考文献》
1) 河端邦彦：山水文脈に対する敷地の構え方に関する研究，京都大学大学院工学研究科土木システム工学専攻修士論文，2001
2) 山田圭二郎・中村良夫・川﨑雅史：疏水の遣水的利用に関する研究，環境システム研究，第27巻，1999
3) 山田圭二郎：「間」と景観—敷地から考える都市デザイン，技報堂出版，2008

亀田郷（新潟県）　農業用水路の親水利用

● 全国初の親水水利権取得の経緯

　全国ではじめて，農業用水の環境水利権を取得した亀田郷は，新潟県新潟市の江南区（旧新潟市南東部とこれに隣接する旧亀田町と旧横越町を包含する地区）に位置する緑豊かな田園地帯である。本地域は，信濃川と阿賀野川そして両河川を連絡する小阿賀野川に囲まれた低平輪中地帯という地理的特徴を持つ。また治水・利水や土地基盤整備が市町村という行政の単位を越えて進められてきた歴史を有し，これにより今なお亀田郷は農業や生活面で一体的な社会を形成していることが特徴となっている。亀田郷地区では，近年市街地化が進み，地域の農業用排水路や小河川では，非灌漑期や渇水期における通水量の減少とともに家庭用排水の流入やごみの混入などによる深刻な水質悪化等が問題となった。さらに水域生態系の分断やまた離農による水路管理の粗放化への反省から，2006年3月に国土交通省より「環境用水に係る水利使用許可の取扱い」の通知が発出されたのち，翌年10月に全国初の水質保全，景観保全および生態系保全を目的とする「環境用水」の水利権を取得した。

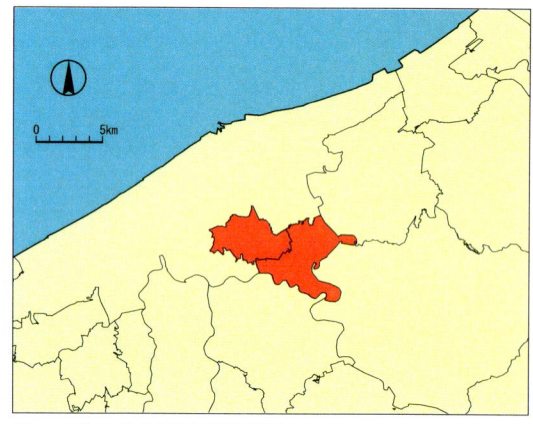

図 1　亀田郷位置図（新潟県）

● 農業用水の水利転用

　水質改善，景観形成および生態系の保全を目的とした「環境用水」の水利使用について，2007年10月18日付け「亀田郷西部地区」が全国ではじめて国土交通省により許可を受けた。この水利権は，新潟市が申請者となって取得し，非灌漑期に信濃川の河川水を，農業水利施設を通じて配水し鳥屋野潟に流すもので，同日，亀田郷管内舞潟揚水機場からの導水が開始されている。

　亀田郷は，かつては「地図にない湖」や「芦沼」

と呼ばれるような，四方を河川や海に囲まれた，水はけのとても悪い低湿地輪中地帯であったが，戦後，郷内の農業基盤整備ならびに排水改良事業が施行されると農地の乾田化が進み，機械化による効率的な営農が可能となった。しかし，新潟市街地周辺では宅地化が都市計画のもとに進展し，農業用排水路では水量の少ない非灌漑期間に水質の悪化が見られるようになった。その結果，地域住民からは鳥屋野潟や農業用排水路の水環境改善の要望が徐々に増加するようになった。

亀田郷1万 ha の農業排水と生活雑排水が流入する鳥屋野潟は，農村地帯への都市機能の進出に伴って急速に水質が悪化し，1975年には1971年に指定されたB類型基準値COD5 mg/l を大幅に超える 10 mg/l が記録されている。

本地域における農業管理組織，亀田郷土地改良区では，1998年に管内すべての自治連合会に呼びかけ，土地改良区と自治会組織による地域の水辺環境改善を進める「亀田郷環境整備連絡会」を結成し，この連絡会により，冬期間の水質改善のための用水導入についての構想をまとめ，国・県の関係各所へ提案活動を行っている。

これを受け，農林水産省北陸農政局が主体となり，国土交通省北陸地方整備局と連携して水環境改善に向けた実証調査事業（都市化地域水環境改善実証調査事業等）を新潟県，新潟市，新潟大学，および土地改良区の協力のもと，2001年度から2006年度までの6年間実施した。本調査によって用排水路に水を流すことにより親水性を高め，水路等の浄化，動植物の生息・生育環境の改善に有効であることが確認されている。

本調査結果を踏まえ，さらには近年では地元意見の要望に基づき，新潟市が全国ではじめて環境用水の水利使用許可を受けているが，今後は郷内に年間を通じて通水を行い，この水を有効に活用することによって農業従事者による生産用の水としてだけでなく，住民の利用に資するための水環境の改善が期待されている。

写真 1　農業用水路の地域清掃活動

亀田郷地区は，田面標高の2/3以上がゼロメートル以下にある湿田地帯であったが，大規模な揚排水施設整備により，現在では穀倉地帯となっている。しかし，非灌漑期になると，農業用水が河川から取水されなくなるため，水路の流量が著しく減少し，農業用排水路の水質悪化やゴミの滞留が問題となっており。「環境用水水利権」を取得したことにより，舞潟揚水機場からの導水が行われるようになっている。

● **亀田郷における通水構造**

1986年，国（当時：建設省），県，関係市町村，土地改良区からなる「鳥屋野潟総合整備推進行政連絡会議・水質汚濁対策部会」（現水環境対策部会）が発足され，「鳥屋野潟水質改善計画」を策定し，下水道整備の促進，畜産排水対策などの汚

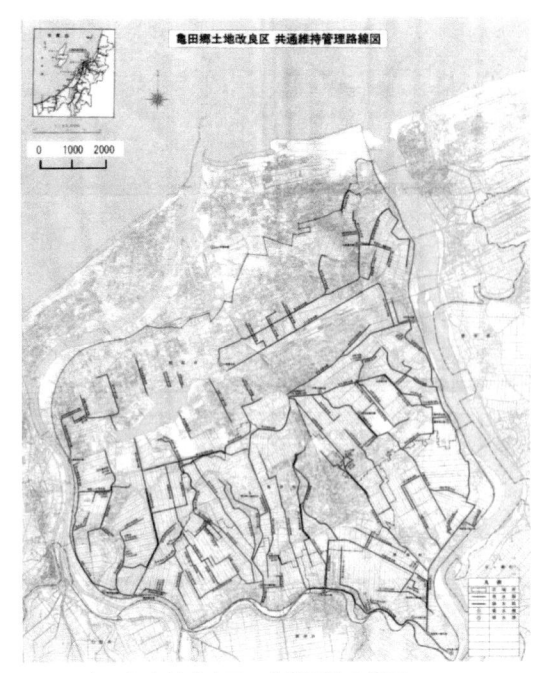

図2 亀田郷土地改良区 農業用排水路図

濁負荷削減対策を基本として潟の直接浄化や潟環境の整備が行われた。また，鳥屋野潟は1993年度に清流ルネッサンス21の対象河川に，2001年度には清流ルネッサンスⅡ（第二期水環境改善緊急行動計画）の対象河川に選定され，2010年度までの施策が行われた。

本事業内の河川水を導入するフラッシングは，水質改善計画の直接浄化対策の一つに位置づけられており，1977年度から鳥屋野潟浄化事業として，農業用・排水路を利用し，非灌漑期に河川水を導入している。鳥屋野潟の水質は2002年度に水質基準指定以後はじめて目標値であるCOD5 mg/lをクリアし，2005年度では，鳥屋野潟浄化として阿賀野川から1.75 m^3/sを導入するほか，農業用排水路の試験浄化として最大2.44 m^3/sを信濃川から導入している。このような動きと併行して，新潟県と亀田郷土地改良区では，地域用水機能増進事業の基本計画を策定し，同区が管理する幹線用・排水路209 kmの一部を対象に景観の保全，生態系の回復，親水機能の創出などを目的とした事業の実施に着手された。

● 環境用水に関する地域の取組み

亀田郷地区では行政と地域住民が一体となった4つの協議会が結成され，「水と緑のネットワーク」「鳥屋野潟の水環境保全」「水循環再生の環境整備」およびこれらを統括する形で「環境用水導入」が位置づけられ，各々の協議会が相互に連携しながら水の恵みの復興による地域イメージの向上への取組みが行われている。

環境用水とは，生活環境または自然環境の維持・改善を目的とした用水を指し，環境用水の通水により水質の改善が図られている。本用水の導水により，導水前はアオコが発生していたものの，導水後はアオコがなくなり水の色も澄んで，水質も改善されている。また環境用水は，自然環境の改善にも効果が認められており，亀田郷地区における鳥屋野潟では，モツゴ，スジエビ，ヨシノボリ，タイリクバラタナゴなどの魚類のほか，多様な昆虫類，魚類，鳥類，植物の生息が確認されており，年間を通じて通水することにより，こうした生物の越冬空間が確保され，豊かな生態系の保全に本用水が寄与している。

● NPOとの協働による
親水空間の創造と管理

流域内の関係機関で構成する「水環境対策部会」では，地域のNPOとの協働により，家庭の台所のストレーナー設置を推進することで水質悪化の

写真2 モツゴの稚魚

写真 3　環境用水導入前

写真 4　環境用水導入後

都市化・混住化が進行するなかで，水路の水質汚濁や不法投棄の増加など環境劣化が問題となっていることと，無機的な水路の機能回複を求める強い要望が潜在しており，これらが協働を進める大きな要因となったことが指摘できる。地域用水機能増進事業は，当該地域の用・排水路の多面的な機能を回復させて継続的に維持していく事業であり，環境用水の導入と合わせ水質の改善のみではなく，農業用水路の「親水化」および「親水利用の促進」を可能にする事業となっている。今後の課題としては，ワークショップなどの場やイベントなど，水辺環境の利活用や維持管理を通じて，農業者を含む地域住民とより具体的な合意形成を図ることが重要となる。このため，地域住民が継続的に参加できるシステム作りや，費用の負担問題の明確化が課題になっている。

[坪井塑太郎]

防止に取り組んでいるほか，鳥屋野潟へ浄化用水を導水したりするなど，地域連携のもと幅広い対策が進められている。一方，本地域の地域用水機能増進事業は，水田地帯に進出した都市施設からの大量の生活排水と投棄物が農業用・排水路の汚濁負荷を増大させているなかで，農業用排水路の多面的機能を発揮させ，田園を含む水辺環境を地域の財産とし，市民が安らぎや潤いを享受するための取組みが進められている。

　ここでは，事業主体の亀田郷土地改良区が管内9地区（工区）に自治会，学校・PTA，商工団体等で構成する，地域用水対策協議会を立ち上げ，協議会が基本計画に基づいて，住民参加型のワークショップ等を通じてハードやソフト事業を具体化し，自らも参加しながら水路等の整備を進め，さらに，利活用や維持管理に関わっている。

《参考文献》

1) 坪井塑太郎：都市化による水管理組織の変化と親水事業―東京都江戸川区を事例として，人文地理，第 55 巻第 6 号，2003，pp.1-17
2) 水谷正一：都市近郊土地改良区の現状と課題―とくに機能変化と経費負担について，農業と経済，1982，pp.56-64
3) 山崎憲治：中川流域・葛西用水地域における農業用水合理化事業と農民の対応，経済地理学年報，第 31 巻第 1 号，1985，pp.24-43
4) 秋山道夫編：環境用水―その成立条件と持続可能性，技報堂出版，2012

麗江大研古城の水路網（中国）

　中国の雲南省麗江市は，周囲を山岳と高原で囲まれた標高2 400 m程の山間盆地の中に位置し，その中央にある旧市街地は「大研古城」と呼ばれ，周辺の白沙古鎮，束河古鎮の3地区を含めた形で1997年に世界文化遺産に認定された。

　この古城は，1996年の麗江地震（M7.0）により大きな被害を受け，その復興を契機として，伝統的建築物の改修・修景が図られ，南宋時代から少数民族の納西族(ナシ)により築き上げられた約800年の歴史を持つ大研古城が再生された。古城内には，現役の水路網が隈なく張り巡らされており，それが世界文化遺産の評価要因にもなっている。

　この古城は，迷路のような住居の配置構成となっているため城壁や掘割はない。また，水路による物資輸送も行われなかったため，水路と生活空間が非常に近接している。水路は住民の生活用水や農業用水として導水しているため，随所に水汲み場が設けられ，三眼井と呼ばれる自噴井も随所に見られる。こうした水路や自噴井では，納西族の文化として水利用上の慣行が見られる。

　水路網の主な水源は，麗江盆地北側に位置する玉龍雪山（標高5 596 m）からの雪解け水や伏流水であり，現在，約5.8トン／秒の水が古城内に流入している。流入した水は，古城入口で中河・西河・東河の三つの水路に分流される。中河は，水路幅が5～6 mの自然河川で，水路の両側に建物が配されている区間が多い。一方，西河と東河は開削された疏水で，小さな水路に分岐していく。この水は古城内を隈なく流下した後，下流域に広がる農業地帯に放流される。

　水路の配置は多様で，道の中央，片側，両側，建物の間，建物の下部に配されているものがある。水汲み場も，広場的なものや階段状のもの，建物から直接水路へ降りる階段などがある。こうした多様な水路形態と水汲み場の組み合わせが，大研古城の空間を特徴づけているといえよう。

　水道が普及する1970年以前は，納西族の慣行として，朝10時までは飲料水としての利用が優先され，その後，野菜洗いや洗濯などに利用されていた。しかし，水道普及後は伝統的な水路の使い方が次第に消滅し，観光客や移民の増加などが不法投棄や規約の軽視を招き，水環境を悪化させている。大研古城が「水のまち」として持続的に発展するため，健全な水利用を継続しつつ，慣行や規範意識を保持することが望まれる。

[市川尚紀]

《参考文献》
1) 畔柳昭雄・市川尚紀・孫旭光・鈴木直：中国雲南省麗江・大研古城の住民生活と水利用に関する調査研究 その1　三眼井に見られる水利用の変容，日本建築学会計画系論文集，第672号，2012，pp.359-367
2) 市川尚紀・畔柳昭雄・孫旭光・土井裕佳・鈴木直：中国雲南省麗江・大研古城の住民生活と水利用に関する調査研究 その2　古城の水路網と多様な水路空間，日本建築学会計画系論文集，第675号，2012，pp.1053-1060

古城に張り巡らされた用水路

三眼井

執筆者一覧

主　査
● 畔柳昭雄（くろやなぎ・あきお）
現職　日本大学理工学部海洋建築工学科　教授
出身　1952 年 三重県生まれ
学歴　1981 年 日本大学大学院理工学研究科博士課程修了　工学博士
専門　親水工学・建築計画
受賞　2007 年日本建築学会賞（論文）受賞，2012 年日本建築学会教育賞受賞等
著書　『都市の水辺と人間行動―都市生態学的視点による親水行動論（共著）』（共立出版，1999）
　　　『海水浴と日本人（単著）』（中央公論新社，2010）ほか

幹　事
● 坪井塑太郎（つぼい・そたろう）
現職　日本大学理工学部海洋建築工学科 准教授
出身　1971 年 愛知県生まれ
学歴　2005 年 東京都立大学大学院修了　博士（都市科学）
職歴　京都大学防災研究所研究員，政府系調査機関研究員，明治大学兼任講師を経て現職
専門　都市地理学
受賞　日本港湾経済学会論文奨励賞
著書　『東京エコシティ―新たなる水の都市へ（共著）』（鹿島出版会，2006）
　　　『MANDARA と EXCEL による市民のための GIS 講座（共著）』（古今書院，2013）ほか

委　員
● 市川尚紀（いちかわ・たかのり）
現職　近畿大学工学部建築学科 准教授
出身　1971 年 東京都生まれ
学歴　1993 年 東京理科大学工学部建築学科卒業　博士（工学）
職歴　内井昭蔵建築設計事務所，東京理科大学工学部建築学科嘱託補手を経て現職
専門　建築設計・環境工学
受賞　日本建築学会設計競技優秀賞
作品　環境共生型木造実験住宅，豊栄の茅葺き民家再生

● 岡村幸二（おかむら・こうじ）
現職　株式会社建設技術研究所　東京本社都市システム部
出身　1951 年 東京都生まれ
学歴　1976 年 東京工業大学工学部土木工学科卒業
職歴　建設コンサルタント技術者として景観・ランドスケープの計画・設計を担当
専門　都市計画，景観デザイン
受賞　都市公園コンクール　国土交通大臣賞　「玉川上水・内藤新宿分水散歩道」
著書　『観光まちづくりのエンジニアリング―観光振興と環境保全の両立（共著）』（学芸出版社，2009）
　　　A Study on Socio-Ecological Cultural Complex in Urban Milieu（Conference, Paris, 2013.5）ほか

委　員

● 上山　肇（かみやま・はじめ）
現職	法政大学大学院政策創造研究科 教授
出身	1961 年 東京都生まれ
学歴	1995 年 千葉大学大学院修了　博士（工学）
	2011 年 法政大学大学院修了　博士（政策学）
職歴	民間から東京都特別区管理職を経て現職
専門	地区まちづくり・都市計画・都市政策
受賞	リブコム 2007 国際賞「銀賞受賞」（行政担当受賞）
	環境情報科学センター賞「計画・設計賞」（行政担当受賞）
著書	『実践・地区まちづくり―発意から地区計画へのプロセス（共著）』（信山社サイテック，2004）
	『水辺のまちづくり―住民参加の親水デザイン（共著）』（技報堂出版，2008）ほか

● 菅原　遼（すがはら・りょう）
現職	株式会社長谷工コーポレーション
出身	1987 年 神奈川県生まれ
学歴	2012 年 日本大学大学院理工学研究科海洋建築工学専攻修了　修士（工学）
専門	親水工学・住民参加

● 村川三郎（むらかわ・さぶろう）
現職	広島大学 名誉教授
出身	1944 年 千葉県生まれ
学歴	1969 年 東京工業大学大学院理工学研究科建築学専攻修士課程終了
	1976 年 工学博士（東京工業大学）
職歴	株式会社竹中工務店技術研究所研究員，
	広島大学工学部助教授・教授，同大学院工学研究科教授を経て現職
専門	建築環境学・建築設備工学
受賞	日本建築学会賞（論文，2000），空気調和・衛生工学会賞（論文，1976 ほか）
	空気調和・衛生工学会篠原記念賞（2002）など
著書	『建築と都市の水環境計画（共著）』（彰国社，1991）
	『親水工学試論（共著）』（信山社サイテック，2002）
	『水辺のまちづくり―住民参加の親水デザイン（共著）』（技報堂出版，2008）ほか

● 山田圭二郎（やまだ・けいじろう）
現職	京都大学大学院工学研究科社会基盤工学専攻 特定准教授
出身	1972 年 静岡県生まれ
学歴	1998 年 京都大学大学院工学研究科環境地球工学専攻修了　博士（工学）
職歴	京都大学助手，民間コンサルタントを経て，2010 年より現職
専門	景観工学
著書	『「間」と景観―敷地から考える都市デザイン（単著）』（技報堂出版，2008）
	『日本の土木遺産―近代化を支えた技術を見に行く（共著）』（講談社，2012）ほか

親水空間論
時代と場所から考える水辺のあり方

定価はカバーに表示してあります。

2014年5月10日　1版1刷　発行　　　　　　　ISBN 978-4-7655-2573-2 C3052

編　　者	一般社団法人日本建築学会
発 行 者	長　　滋　　彦
発 行 所	技報堂出版株式会社

〒101-0051　東京都千代田区神田神保町1-2-5
電　話　営　業　（03）（5217）0885
　　　　編　集　（03）（5217）0881
　　　　FAX　（03）（5217）0886
振替口座　00140-4-10
URL　http://gihodobooks.jp/

日本書籍出版協会会員
自然科学書協会会員
工 学 書 協 会 会 員
土木・建築書協会会員

Printed in Japan

装丁　田中邦直　　印刷・製本　昭和情報プロセス

©Architectural Institute of Japan, 2014
落丁・乱丁はお取り替えいたします。

JCOPY ＜(社)出版者著作権管理機構　委託出版物＞
本書の無断複写は著作権法上での例外を除き禁じられています。複写される場合は，そのつど事前に，（社）出版者著作権管理機構（電話 03-3513-6969，FAX 03-3513-6979，e-mail:info@jcopy.or.jp）の許諾を得てください。

◆小社刊行図書のご案内◆

定価につきましては小社ホームページ（http://gihodobooks.jp/）をご確認ください。

水辺のまちづくり
―住民参加の親水デザイン―

日本建築学会 編
A5・218頁

【内容紹介】住民参加型の水環境整備とまちづくりをどのような観点から評価し，どのように実践していくべきかを事例をとおしてまとめた書。それぞれの執筆者が，具体的な整備計画案が作成されていく過程で，住民参加型のワークショップなどに参画した体験をもとに，ファシリテーターの役割，周辺住民と一般市民の利害関係の調整，意見交換をとおした計画案の収束過程などに触れながら，特徴ある住民参加型事業の実践を紹介した。

建築基準法令集　年度版
3冊セット（函入り）

国土交通省住宅局・日本建築学会 編
A5（3冊）

【内容紹介】法令編・様式編・告示編の三冊セット。建築実務者が本当に必要とする内容を盛り込んだ座右の書。◆法令編＝建築基準法・同施行令・同施行規則の最新改正に対応，全文収録。建築士法など，関連法令・省令等をさらに充実，最新改正を反映。◆様式編＝実務に不可欠の様式を集めて「様式編」として便利な一冊に再編集。◆告示編＝建築基準法関係告示，その他関連主要告示を一挙掲載。圧倒的な掲載数を誇ります。

成熟社会における開発・建築規制のあり方
―協議調整型ルールの提案―

日本建築学会 編
A5・316頁

【内容紹介】目的指向型基準を定め，その基準が個々の建築行為に対して具体的に何を要求しているかを，建築計画ごとに，行政庁がステークホルダーとの協議を経て確定していく協議調整型ルールを提案する書。現行制度の抱える課題の分析や，課題を克服するための先行的な試み，提案を実現する上で超えなければならない問題点など事例を交えて検討する。

未来の景を育てる挑戦
―地域づくりと文化的景観の保全―

日本建築学会 編
A5・208頁

【内容紹介】文化的景観とは，人間と自然との相互作用によって生み出された景観のことを指すが，日本では，2005年に文化財保護法が改正され，文化的景観に関する規定が盛り込まれた。本書は，国内外の代表的な事例を紹介するとともに，保全活動の課題と地域づくりへの論点をまとめた。

活かして究める
雨の建築道

日本建築学会 編
A5・196頁

【内容紹介】近年,雨量の増加やゲリラ豪雨など,雨や水に関する問題が増えてきている。そのような中で,人々が雨とどう付き合っていくか,雨ときちんと向き合い,上手に付き合って行くことをテーマに雨水の活用法や建築物への取り込み方をやさしく解説した書。「雨の建築」が取り組む基本概念を明らかにした後，雨水活用の用途ごとに具体的な取り組み方法を示す。また，実践のための制度整備や環境学習，市民や自治体の活動などについても触れており，幅広く語ったものとなっている。

■ 技報堂出版　TEL 営業 03(5217)0885　編集 03(5217)0881
　　　　　　　　FAX 03(5217)0886